WERKSTATTBÜCHER

FÜR BETRIEBSFACHLEUTE, KONSTRUKTEURE UND STUDIERENDE

HERAUSGEBER DR.-ING. H. HAAKE, HAMBURG

HEFT 50

Die Werkzeugstähle

Unlegierte und legierte Werkzeugstähle, ihre Zusammensetzung, Eigenschaften, Herstellung und Behandlung, mit einem Anhang über „Schneidmetalle"

Von

Dipl.-Ing. Ernst Heinrich

Essen-Bredeney

Zweite völlig neugestaltete Auflage des vorher von H. Herbers † verfaßten Heftes

(6. bis 11. Tausend)

Mit 36 Abbildungen und 26 Tabellen

Springer-Verlag

Berlin / Göttingen / Heidelberg

1964

ISBN-13: 978-3-540-03234-2 e-ISBN-13: 978-3-642-99880-5
DOI: 10.1007/978-3-642-99880-5

Inhaltsverzeichnis

Bezeichnungen: Al = Aluminium, C = Kohlenstoff, Co = Kobalt, Cr = Chrom, Fe = Eisen, Mn = Mangan, Mo = Molybdän, Nb = Niob, Ni = Nickel, O = Sauerstoff, P = Phosphor, S = Schwefel, Si = Silizium, Ta = Tantal, Ti = Titan, V = Vanadium, W = Wolfram.

Einleitung

Werkzeugstähle sind Stähle, die praktisch ausschließlich als Werkstoff für Werkzeuge dienen. Sie werden zur spanenden oder spanlosen Formgebung von Werkstücken im kalten oder auch warmen Zustand verwendet. Von ihnen werden einige spezifische Eigenschaften verlangt, die sie für diesen Zweck geeignet machen. Je nach Verwendungsart sind dies unter anderem: große Härte, Abriebwiderstand, Schlagzähigkeit, Schnitthaltigkeit, Warmfestigkeit bzw. Warmhärte, Temperaturwechselbeständigkeit, Verzugsfreiheit beim Härten und vieles mehr.

Einzelne Werkzeugstähle finden jedoch auch für Bauteile Verwendung, wie andererseits typische Baustähle für Werkzeuge eingesetzt werden. Auch in diesen Fällen bezeichnet man dann den Stahl, vom Verwendungszweck her gesehen, als Werkzeugstahl.

Die Dezimalklassifikation zur Nummerung der Werkstoffe nach DIN-Vornorm 17006 sieht für den Fall der Möglichkeit einer Doppelverwendung, einerseits als Bau- und andererseits als Werkzeugstahl, zwei Nummern und meist auch zwei Bezeichnungen für einen analytisch gleichen Stahl vor. Zwei Nummern erhält aber auch ein und derselbe Stahl, wenn neben der allgemeinen Verwendung noch ein spezieller Verwendungszweck vorliegt.

Eine Trennung der Werkzeug- von den übrigen Stählen auf Grund ihrer chemischen Zusammensetzung oder ihres Reinheitsgrades oder gar ihrer Erschmelzung ist heute nicht mehr möglich. Zwar läßt sich die Mehrzahl der Werkzeugstähle auf Grund ihres meist gegenüber den Baustählen höheren Kohlenstoffgehaltes oder ihrer Legierungskombination von diesen trennen; doch diese Unterscheidung ist in einigen Grenzgebieten schwierig. Während noch bis vor kurzem von einem Werkzeugstahl verlangt wurde, daß er im Elektro- oder Siemens-Martin-Ofen erschmolzen wurde (das Tiegelverfahren ist praktisch ausgestorben), geht die Entwicklung zweifellos dahin, auch Werkzeugstähle nach den neueren Stahlherstellungsverfahren, z. B. dem LD-Verfahren[1], zu erschmelzen. Für besondere Qualitäten und Verwendungszwecke wird sich neben dem Induktionsvakuumofen auch das Elektroden-Abschmelzverfahren im Vakuum bzw. das Elektronenstrahlschmelzen durchsetzen.

Bei der Beschreibung der Werkzeugstähle konnte man lange Zeit nach der Art der verwendeten Legierungselemente vorgehen. Unlegierte oder einfach-legierte Stähle sind jedoch in vielen Fällen den gestiegenen Anforderungen nicht mehr gewachsen, und es werden deshalb meist mehrfach-legierte Stähle verwendet. Die Besprechung der Werkzeugstähle wird deshalb vom Verwendungszweck her erfolgen, wobei die Kohlenstoff-Werkzeugstähle eine Ausnahme machen sollen.

Die Schneidmetalle, das sind die Stellite, Hartmetalle und ausscheidungshärtenden Schneidmetalle, werden zur Abrundung des Ganzen nur kurz besprochen. Nicht berücksichtigt werden die metallkeramischen Werkstoffe, vor allem auf Aluminium-Oxyd-Basis, die als Schneidplättchen zu Zerspanungsarbeiten verwendet werden.

Anmerkung: Die erste Auflage dieses Werkstattbuches wurde von Ing.-Chemiker Hugo Herbers (gest. 18. 5. 58) bearbeitet und ist 1933 erschienen.

[1] Das LD-Verfahren hat seinen Namen nach den Standorten zweier Österreichischer Stahlwerke (Linz und Donawitz). Es ist ein Sauerstoffaufblaseverfahren, mit dem in sehr kurzen Zeiten große Mengen von Stahl erzeugt werden können.

Auf die Warmformgebung und Wärmebehandlung der Stähle wird nur insoweit eingegangen, als für einzelne Stähle oder Stahlgruppen kennzeichnende Temperaturen bzw. Temperaturbereiche angegeben sind.

Der Besprechung der verschiedenen Werkzeugstahlgruppen wird ein Kapitel vorangesetzt, das die Wirkung der verschiedenen Legierungselemente behandelt. Dabei sind diese einmal als Gruppen, zum anderen einzeln behandelt. Auf diese Weise wird einer Wiederholung in den einzelnen Werkzeugstahlgruppen vorgebeugt.

I. Der Einfluß der Legierungselemente im Stahl

1. Das reine Eisen liegt bei Raumtemperatur als α-Eisen mit kubisch-raumzentriertem Gitter vor[1]. Über 900° klappt diese Gitteranordnung in kubisch-flächenzentrierte Würfel, das sogenannte γ-Eisen, um. Über 1400° klappen die γ-Kristalle wieder in ein raumzentriertes Gitter, das δ-Eisen, zurück. Während beim α-Eisen die Würfel aus 9 Atomen, 8 in den Würfelecken und ein Atom in der Raummitte, besteht, sind es beim γ-Eisen 14 Atome. Acht davon sind wieder auf den Würfelecken und sechs in den Flächenmitten der Würfelseiten angeordnet (Abb. 1).

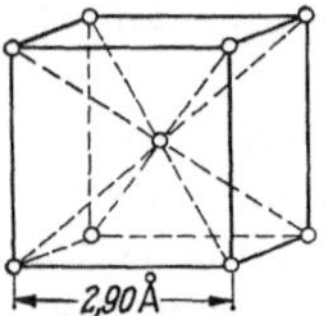

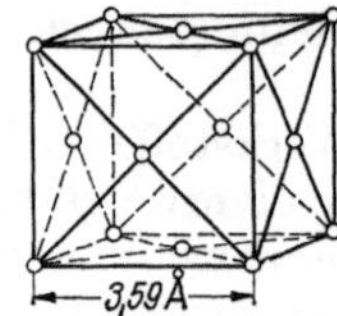

Abb. 1. Kristallgitter des α-Eisens (links) und des γ-Eisens (rechts). 1 Å (Ångström) = 10^{-8} cm

Das Umklappen des Gitters ist ebenso wie der Schmelzpunkt auf den Abkühlungs- bzw. Erhitzungskurven als Haltepunkt markiert (Abb. 2).

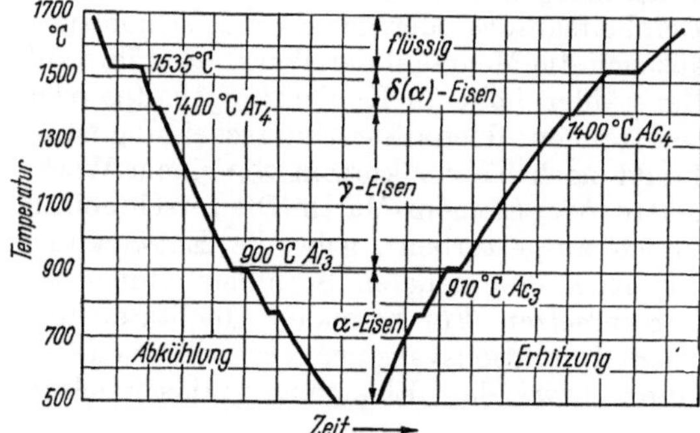

Abb. 2. Abkühlungs- und Erhitzungskurven von reinem Eisen

2. Kennzeichnende Gruppierung der Legierungselemente. Ausgehend von den Beständigkeitsgebieten der Kristallarten des reinen Eisens können alle Legierungselemente in zwei Gruppen eingeteilt werden. Die erste Gruppe umfaßt diejenigen, die das γ-Gebiet (zur Erläuterung vgl. Abb. 7: γ-Mischkristalle, Austenit) erweitern, die zweite Gruppe diejenigen, die das γ-Gebiet verengen. Als Untergruppen sind in der ersten Gruppe solche Elemente zu nennen, die unbeschränkt Mischkristalle bilden und solche, die das γ-Gebiet erweitern bei gleichzeitiger Begrenzung durch ein heterogenes[2] Gebiet. Auch in der zweiten Gruppe lassen sich zwei Untergruppen bilden. Zum ersten Elemente, die ein vollständig geschlossenes γ-Feld mit rückläufiger Gleichgewichtslinie ergeben und solche, die ein verengtes γ-Feld mit einer Begrenzung durch heterogene Gebiete erzeugen. Welche Elemente dies im einzelnen sind, ist der folgenden Aufstellung zu entnehmen.

1. Erweitertes γ-Gebiet

a) unbeschränkte Bildung von homogenen Mischkristallen:

Nickel, Mangan, Kobalt, Ruthenium, Paladium, Osmium, Iridium, Platin,

---

[1] Nähere Angaben über Gefüge von Eisen und Stahl siehe Werkstattbuch Heft 121: KAUCZOR, Metall unter dem Mikroskop.

[2] „heterogen“ (andersgeartet, nicht gleichstofflich), von griech. hetero ... = anders ...; „homogen“ (gleichartig, gleichstofflich), von griech. homo ... = gleich.

b) Begrenzung durch ein heterogenes Gebiet: *Kohlenstoff*, Stickstoff, Kupfer, Zink, Gold, Rhenium, wahrscheinlich Bor.

2. Verengtes γ-Gebiet

a) geschlossenes γ-Feld mit rückläufiger Gleichgewichtslinie: Beryllium, *Aluminium*, *Silizium*, *Phosphor*, *Titan*, *Vanadin*, *Chrom*, Arsen, *Molybdän*, Zinn, Antimon, *Wolfram*.

b) Begrenzung durch heterogene Gebiete: *Niob*, *Tantal*, Zirkon, Cer.

(Später einzeln beschriebene Elemente sind kursiv gesetzt.)

Als Beispiele für die vier Möglichkeiten der Beeinflussung des γ-Gebietes dienen die Abb. 3, 4, 5 und 6.

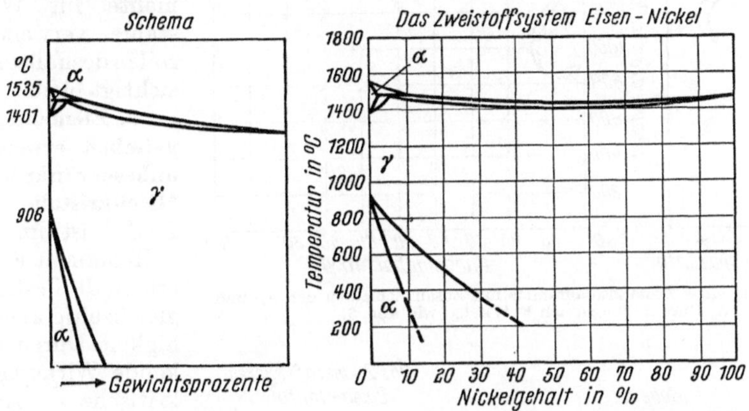

Abb. 3. Typus eines Zustandsdiagramms mit Herabsetzung der A_3-Umwandlung und Ansteigen der A_4-Umwandlung bis zum Einlaufen in die Schmelzlinie [nach F. WEVER: Arch. Eisenhüttenwes. 2 (1928/29) 739—748]

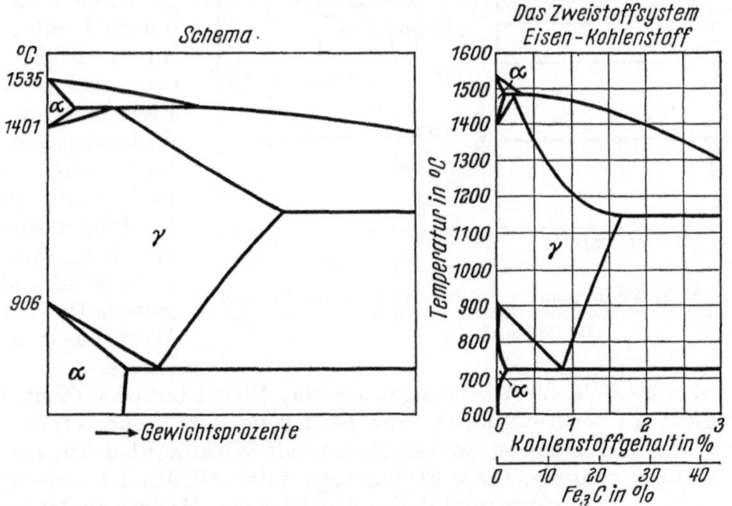

Abb. 4. Typus eines Zustandsdiagramms mit auseinanderstrebenden Umwandlungslinien, die an den Grenzen heterogener Gebiete enden (nach F. WEVER: wie Abb. 3)

Abb. 3 zeigt den Einfluß des Nickels, also die Erweiterung des γ-Gebietes mit unbeschränkter Mischkristallbildung.

In Abb. 4 ist das System Eisen—Kohlenstoff wiedergegeben. Es zeigt die Erweiterung des γ-Gebietes bei gleichzeitiger Begrenzung durch ein heterogenes Gebiet.

Der Einfluß eines Elementes, das das γ-Gebiet abschnürt bei rückläufiger Gleichgewichtslinie, ist in Abb. 5 am Beispiel des Chroms gezeigt.

In Abb. 6 ist der Einfluß des Tantals, also eines Elementes, das ein verengtes γ-Gebiet mit Begrenzung durch heterogene Gebiete ergibt, wiedergegeben.

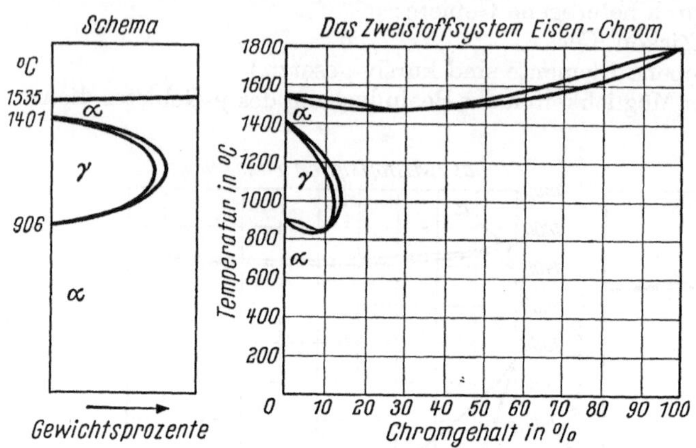

Abb. 5. Typus eines Zustandsdiagramms mit Zusammenlaufen der A_4- und A_3-Umwandlung (nach F. WEVER: wie Abb. 3)

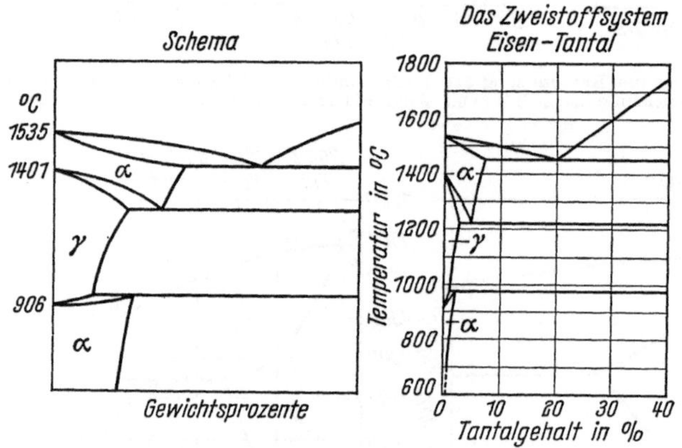

Abb. 6. Typus eines Zustandsdiagramms mit zusammenlaufenden Umwandlungslinien, die an der Grenze eines heterogenen Gebietes enden (nach HOUDREMONT)

Eine ganze Anzahl der in der vorstehenden Aufstellung aufgeführten Elemente werden nicht als Legierungselemente für Werkzeugstähle verwendet; sie sollen deshalb unberücksichtigt bleiben.

3. Elemente, die das γ-Gebiet erweitern und unbeschränkt homogene Mischkristalle bilden. *Nickel* ist im Austenit vollkommen löslich. Es erhöht die Festigkeit und gleichzeitig auch die Zähigkeit. Durch seine senkende Wirkung auf die kritische Abkühlgeschwindigkeit erhöht es das Durchhärtevermögen. Die Überhitzungsempfindlichkeit wird durch Nickel vermindert. Auf Grund dieser Eigenschaften werden Nickel-legierte Stähle für Gesenke und Prägewerkzeuge, aber auch für Pilgerdorne verwendet. Eine ganze Anzahl anderer spezifischer Eigenschaften sind für Werkzeuge nicht von Interesse.

Mangan, das ähnliche Verbesserungen wie das Nickel bewirkt, dient vor allem in den unlegierten Werkzeugstählen zur Steuerung der Einhärtetiefe. Darüber hinaus macht man sich seine austenitstabilisierende Wirkung[1] bei den sogenannten Manganhartstählen zunutze. Diese Stahlgruppe mit 12% Mn ist außerordentlich zäh bei gutem Verschleißwiderstand durch Kalthärtung. Mangan findet sich außerdem in höheren Gehalten in einigen Typen von verzugsarmen Kaltarbeitsstählen. Ein gewisser Mangangehalt ist in allen Stählen vorhanden.

[1] stabilisieren = beständig machen.

Kobalt wird in Werkzeugstählen nur bei den höchstlegierten Typen verwendet. Seine diffusionshemmende Wirkung erbringt hohe Warmhärte und Anlaßbeständigkeit. Diese Eigenschaft tritt bevorzugt dann hervor, wenn man von sehr hohen Temperaturen härtet. Da Kobalt anscheinend den Schmelzpunkt des Ledeburiteutektikums zu höheren Temperaturen verschiebt, lassen sich z. B. Kobalt-legierte Schnellarbeitsstähle von 1320° härten. Nur dann jedoch und bei mehrmaligem Anlassen kommt der verbessernde Effekt im Zerspanungsverhalten zum Tragen. Das mehrmalige Anlassen erst wandelt den gebildeten Restaustenit[1] um.

4. Elemente, die das γ-Gebiet erweitern und durch ein heterogenes Gebiet begrenzen. Als einziges Element dieser Untergruppe hat nur der Kohlenstoff für Werkzeugstähle Bedeutung. Um aus Eisen Stahl zu machen, ist Kohlenstoff notwendig. Nur durch die härtesteigernde Wirkung, die einerseits durch die Martensit-, andererseits durch die Karbidbildung erfolgt, ist Eisen überhaupt erst als Baustoff für Werkzeuge geeignet.

Kohlenstoff bildet mit Eisen eine Verbindung, bestehend aus drei Eisenatomen und einem Atom Kohlenstoff, das Eisenkarbid (Fe_3C). Eisenkarbid ist in flüssigem

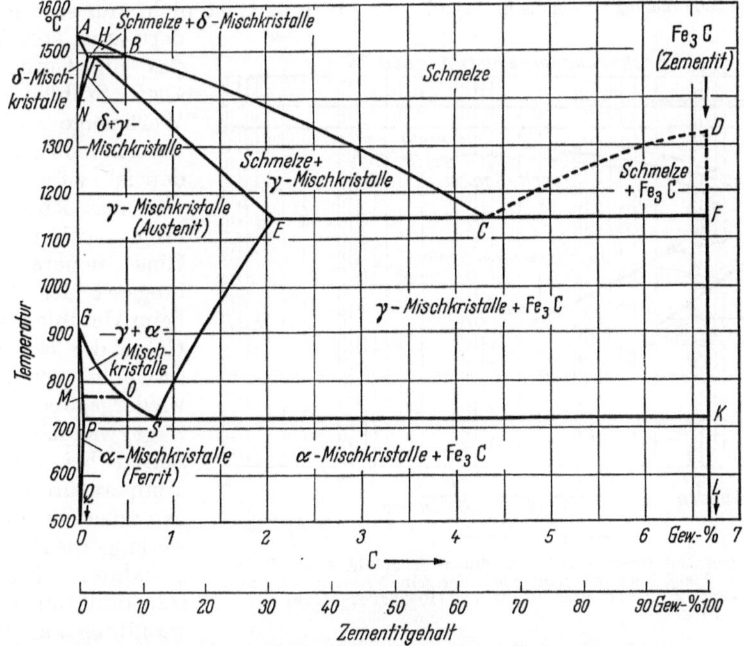

Abb. 7. Das Zustandsschaubild Eisen—Zementit (nach Bericht Nr. 180 des Werkstoffausschusses des VDEh) Wichtige Punkte: C = Eutektikum (von griechisch eu-tekein = „gut Schmelzendes") = Legierung „Austenit-Zementit" mit dem niedrigsten Schmelzpunkt; S = Eutektoid (von „Eutektikum" abgeleitet) = Austenit bzw. Stahl mit 0,80% C-Gehalt, der sich, langsam abgekühlt, bei 723 °C (Haltepunkt Ar_1) in „Perlit" umwandelt (gleichmäßiges Gefüge von Ferrit- und Zementit-Kristallen): Perlitischer oder eutektoider Stahl (vgl. Fußnote S. 13)

Eisen praktisch in jeder Menge löslich. Es fällt bei mehr als 65% (entsprechend $\sim$ 4,3% C) schon beim Erstarren aus bis auf den Anteil, der im γ-Eisen gelöst ist. Dieser im γ-Eisen gelöste Karbidanteil scheidet sich mit fallender Temperatur bis

[1] Restaustenit ist derjenige Anteil der festen Lösung, der nach einer Abschreckbehandlung (Härtung) noch vorhanden ist, also an der Umwandlung nicht teilgenommen hat. Er ist im allgemeinen in gehärteten Werkzeugen unerwünscht.

auf einen Gehalt von etwa 0,80% C aus. Die Lage der Haltepunkte, das sind die Kristallumwandlungspunkte und der Schmelzpunkt, ändern sich mit dem Vorhandensein von Kohlenstoff und damit Eisenkarbid. Das Eisenkarbid wird allgemein als Zementit bezeichnet. Übersichtlich dargestellt sind diese Auswirkungen im Zustandsschaubild Eisen–Zementit (Abb. 7). Dieses Schaubild ist die Grundlage für die Legierungs- und Wärmebehandlung der Stähle.

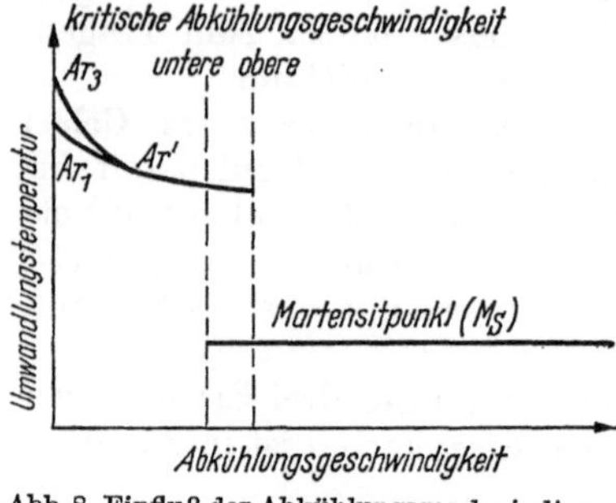

Abb. 8. Einfluß der Abkühlungsgeschwindigkeit auf die γ-α-Umwandlung (schematisch)

Das Zustandsschaubild Eisen–Zementit nach Abb. 7 gilt nur für den Gleichgewichtszustand. Mit steigender Abkühlgeschwindigkeit werden die Haltepunkte Ar_1 (Linie *GOS*) und Ar_3 (Linie *PSK*) zu tieferen Temperaturen verschoben und gehen dann ineinander über, bevor sie ganz unterdrückt werden. Kurz bevor dies geschieht, tritt ein neuer Haltepunkt, der Martensitpunkt, auf (Abb. 8).

Der dabei auftretende neue Gefügebestandteil, der Martensit, ist nicht nur sehr hart, sondern auch spröde. Er ist dasjenige Gefüge, das bei allen Stählen, die als Werkzeuge verwendet werden sollen, vorhanden ist, zumindest aber vor der Anlaßbehandlung vorhanden war. Eine neuere Darstellungsart der Vorgänge beim Abkühlen aus dem Gebiet der festen Lösung (γ-Gebiet) ist in Abb. 9 wiedergegeben[1]. Sie zeigt, was nach welchen Zeiten bei bestimmten Temperaturen an Gefügen zu erwarten ist bzw. wie lange die Haltezeit bei gewählter Temperatur sein muß, um eine Umwandlung zu erreichen.

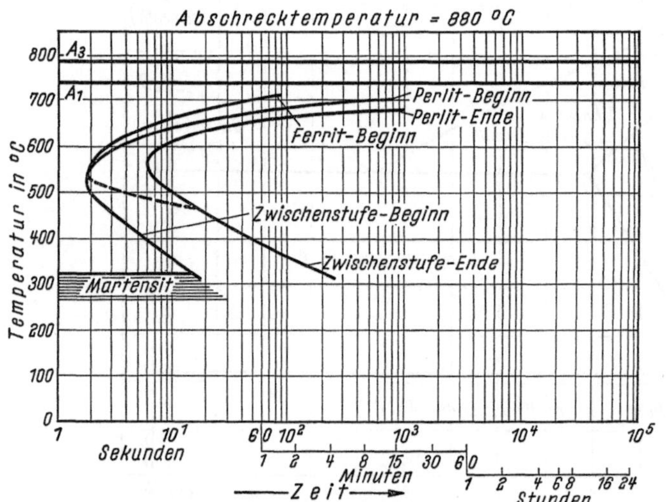

Abb. 9. Isothermes Zeit-Temperatur-Umwandlungs-Schaubild eines Stahles mit 0,44% C und 0,66% Mn mit vorlaufendem Ferrit in der Perlitstufe [nach A. ROSE und W. PETER: Stahl u. Eisen 72 (1952) 1063—1075]

Ab etwa 0,5% Kohlenstoff beginnt die volle Härteannahme. Man erreicht also bei entsprechend schroffer Abkühlung aus dem Gebiet der festen Lösung (γ-Gebiet) ein vollmartensitisches Gefüge mit einer Härte von 64 RC. Bis zu einem Kohlenstoffgehalt von ungefähr 1% steigt dann die Härte nur noch wenig, um darüber hinaus gleichzubleiben.

Die Wichte des Stahls vermindert sich mit steigendem Kohlenstoff-Gehalt.

---

[1] Als isotherme Umwandlungsschaubilder bezeichnet man solche, die das Umwandlungsverhalten bei konstanten Temperaturen zeigen. Sie dürfen eigentlich nur so gelesen werden, daß man jeweils bei einer Temperatur den zeitlichen Umwandlungsablauf verfolgt.

Bei kontinuierlichen Umwandlungsschaubildern dagegen kann das Umwandlungsverhalten nur entlang von Abkühlungskurven beurteilt werden (Abb. 16 u. 31).

Diese Änderung erreicht bei 1,6% C etwa 1%. Der elektrische Widerstand wird durch Kohlenstoff erheblich erhöht. Im gehärteten Zustand ist die Erhöhung weit größer als im geglühten bzw. normalgeglühten. Ebenfalls ansteigend mit dem Kohlenstoffgehalt ist die Koerzitivkraft (Stärke des zum Entmagnetisieren notwendigen magnetischen Feldes). Die spezifische Wärme steigt mit dem Kohlenstoffgehalt an, während die Wärmeleitfähigkeit abnimmt.

Die Schweißbarkeit, und zwar die Schmelz- wie auch Preßschweißbarkeit, wird mit steigendem Kohlenstoffgehalt immer schlechter. Der Warmverformungswiderstand ändert sich mit dem Kohlenstoffgehalt nicht wesentlich. Beim Kaltwalzen bzw. Kaltziehen wächst der Formänderungswiderstand entsprechend dem Festigkeitsanstieg mit steigendem Kohlenstoffgehalt.

5. Elemente, die das γ-Gebiet verengen und mit rückläufiger Gleichgewichtslinie schließen. *Aluminium* ist eines der Elemente, die das γ-Gebiet verengen bei rückläufiger Gleichgewichtslinie. Aluminium wird zur Desoxydation fast allen Stählen in kleinen Mengen zugesetzt. Als Legierungselement hat es aber nur in den Nitrierstählen sowie in den hitzebeständigen Stählen Bedeutung. Beide Stahlgruppen als ausgesprochene Baustähle werden nur in einigen Sonderfällen als Werkzeugstähle verwendet.

Silizium findet sich ebenso wie Mangan in allen Werkzeugstählen. Es dient neben Aluminium vor allem der Desoxydation. Darüber hinaus hat es wegen seiner die Einhärtetiefe steigernden Wirkung Bedeutung für die unlegierten Kohlenstoff-Werkzeugstähle. In wesentlich höheren Gehalten wird Silizium zusammen mit anderen Legierungselementen solchen Stählen zulegiert, die bei höheren Anlaßtemperaturen noch hohe Härte haben sollen. Wegen seiner die federnden Eigenschaften verbessernden Wirkung wird es aber auch Preßluft-Werkzeugstählen in Gehalten bis etwa 2% zugegeben. In zunderbeständigen Stählen für Glasformen ist Silizium neben Chrom enthalten, weil es das Entstehen einer dichten, fest haftenden Zunderschicht begünstigt.

Phosphor ist in Werkzeugstählen als ausgesprochener Stahlschädling gefürchtet. Man hält ihn durch entsprechende Schmelz- und Schlackenführung möglichst niedrig.

Titan ist, trotzdem es ein starker Karbidbildner ist, in Werkzeugstählen nicht üblich, vor allem deshalb, weil die Titankarbide dermaßen stabil sind, daß sie nicht wieder in Lösung gehen und der Grundmasse jeglicher Kohlenstoffgehalt für eine Martensithärtung damit entzogen ist.

Vanadin wird in Werkzeugstählen wegen seiner die Härtbarkeit beeinflussenden Wirkung und wegen der sehr verschleißfesten Vanadin-Karbide verwendet. Darüber hinaus verbessert es die Anlaßbeständigkeit. In kleinen Gehalten vermindert es die Einhärtetiefe bei Härtetemperaturen entsprechend Abb. 11, S. 13. In größeren Prozentsätzen bei erhöhten Härtetemperaturen, wenn also das Vanadin-Karbid in Lösung gegangen ist, erhöht es die Einhärtetiefe. Durch dieses Verhalten lassen sich durch entsprechende Wahl der Härtetemperatur unterschiedliche Einhärtetiefen erreichen, ohne daß man Überhitzung befürchten muß. Vanadin ist in sehr vielen Kaltarbeitsstählen und in praktisch allen Warmarbeits- und Schnellarbeitsstählen enthalten.

Von besonderer Bedeutung in der Legierungstechnik ist das *Chrom*, das mit Ausnahme der unlegierten Kohlenstoff-Werkzeugstähle in fast allen übrigen enthalten ist. Chrom erniedrigt die für die Martensitbildung notwendige kritische Abkühlgeschwindigkeit, ergibt also größere Einhärtetiefe. Außerdem bildet es harte Karbide. Bei höheren Kohlenstoff- und Chromgehalten im Stahl scheiden sich beim Anlassen nach dem Härten Sonderkarbide aus, die zu einer Erhöhung der Anlaßbeständigkeit führen und auch eine bessere Warmfestigkeit ergeben. Hoch-Chrom-legierte Stähle sind wegen der schlechten Wärmeleitfähigkeit solcher Stähle vorsichtig zu erwärmen.

Die Tatsache, daß ab etwa 12% Cr diese Stähle rostbeständig sind, macht man sich für Tischmesser und Kunstharzpreßformen zu nutze. Chromstähle, die so hoch chromhaltig sind, daß sie beim Erwärmen nicht mehr in das Gebiet der festen Lösung (γ-Gebiet) gebracht werden können, sind natürlich nicht mehr härtbar. Außer den reinen Chromstählen gibt es fast keine Legierungskombination, an der nicht auch Chrom beteiligt ist.

Molybdän wird in Werkzeugstählen vor allem wegen seiner die Härtbarkeit verbessernden Wirkung verwendet. Als Karbidbildner erhöht es natürlich auch die Verschleißfestigkeit und die Anlaßbeständigkeit. Werkzeugstähle mit Molybdän als alleinigem Legierungselement sind nicht üblich. Neben Chrom findet es sich in fast allen Warmarbeitsstählen. Seine Anlaßversprödung verhindernde Wirkung wird vor allem in den Gesenkstählen mit ausgenutzt. In den Schnellarbeitsstählen findet sich Molybdän neben Chrom, entweder gemeinsam mit Wolfram, oder aber auch allein.

Wolfram hat, so lange von üblichen Härtetemperaturen gehärtet wird, nur wenig Einfluß auf die kritische Abkühlgeschwindigkeit und damit Einhärtetiefe. Von höheren Temperaturen, wenn ein Teil der Wolframkarbide in Lösung ist, gehärtet, ergibt es größere Einhärtetiefen. Das bei einwandfreier Härtung erzielbare Gefüge mit seinen eingelagerten Wolfram-Karbiden ergibt hohe Verschleißfestigkeit. Die Wolfram-Sonderkarbide sind auch der Grund für die hohe Anlaßbeständigkeit und Warmfestigkeit dieser Stähle. Wolfram geht bevorzugt in das Karbid. Durch unsachgemäßes Glühen wird das sehr schwer lösliche Wolfram-Karbid WC gebildet. Ein Stahl mit diesem Karbid wird als totgeglüht bezeichnet. Wolfram findet sich sowohl in Kaltarbeitsstählen als auch in Warm- und Schnellarbeitsstählen in teilweise recht beträchtlichen Prozentsätzen.

6. Elemente, die das γ-Gebiet verengen und durch heterogene Gebiete begrenzen. Werkzeugstähle, die *Niob* und/oder *Tantal* enthalten, werden hin und wieder genannt. Beide Elemente sind starke Karbidbildner, ohne daß man diese Wirkung in Werkzeugstählen bisher entsprechend ausnutzen konnte. Schnellarbeitsstähle mit Zusätzen dieser beiden Elemente haben den Nachteil, einen hohen Restaustenitgehalt nach der Härtung zu behalten, der auch durch mehrmaliges Anlassen nur schwer umgewandelt werden kann. Die Schnittleistung dieser Stähle bringt keinen Vorteil gegenüber solchen mit höherem Vanadinanteil.

II. Unlegierte Stähle für Werkzeuge

7. Allgemeines. Das erste Eisen, das Menschen herstellten oder als Meteoriten fanden, war nach heutiger Auffassung kein Stahl. Trotz seiner Weichheit wurde es aber zweifellos wesentlich früher für Werkzeuge wie als Baustoff verwendet. Daß unter bestimmten Bedingungen Eisen härtbar ist, war lange vorher bekannt, bevor die Ursache dafür erforscht wurde. Das Wissen um die genauen Vorgänge beim Härten ist erst jungen Datums. Nicht viel älter sind die Erkenntnisse über den Einfluß der Legierungselemente und auch über das unterschiedliche Einhärtevermögen der unlegierten Stähle für Werkzeuge, die im folgenden abgekürzt „unlegierte Werkzeugstähle“ genannt werden sollen. Während durch Jahrhunderte unlegierte Werkzeugstähle die überhaupt einzigen Werkzeugstähle waren, haben sie durch die Fortschritte der Metallurgie viel an ihrer ehemaligen Bedeutung verloren. Sie sind jedoch auch heute noch für viele Verwendungszwecke die günstigsten und preiswertesten oder aber auch für manche Zwecke geradezu unersetzlich. Die unlegierten Werkzeugstähle, die oft auch als Kohlenstoff-Werkzeugstähle bezeichnet werden, gehören ihrer Güte nach zu den Edelstählen. Für untergeordnete Zwecke sind auch Qualitätsstähle angebracht. Die unlegierten Werkzeugstähle sollen gleichzeitig, das ist einer ihrer wesentlichen Vorteile, verschleißfest und zäh sein. Zur Erreichung dieser sich scheinbar widersprechenden Eigenschaften haben sie mit Ausnahme der Stähle, die eine Einsatzbehandlung erfahren sollen, einen Kohlenstoffgehalt, der dem Stahl die für Werkzeuge notwendige Abschreckhärte verleiht. Der dazu notwendige Kohlenstoff-Gehalt liegt je nach der Höhe des Mangangehaltes bei etwa 0,30···0,40%. Die obere Grenze des Kohlenstoffgehaltes ist bei 1,4···1,5%. Eine weitere Erhöhung bringt keinen Zuwachs an Verschleißhärte, sondern ergibt unter anderem die Gefahr des sogenannten Schwarzbruchs bei der Warmformgebung. Um der zweiten Forderung an unlegierte Stähle für Werkzeuge, nämlich der Zähigkeit, gerecht zu werden, hält man den Mangan- und Silizium-Gehalt, die für die Einhärtetiefe verantwortlich sind, niedrig, um ein Durchhärten trotz des mehr oder weniger hohen Kohlenstoff-Gehaltes zu vermeiden. Je nach der verlangten Einhärtetiefe liegen die Mangangehalte, mit denen vor allem die Einhärtung gesteuert wird, zwischen 0,20···0,80%. Dem Siliziumgehalt kommt in diesem Zusammenhang eine geringere Bedeutung zu. Daß daneben aber auch der Querschnitt des zu härtenden Stückes die Einhärtetiefe beeinflußt, ergibt sich aus der Kinetik des Härtevorganges, d. h. daraus, daß durch die verminderte Abkühlgeschwindigkeit im Innern größerer Werkstücke die kritische Abkühlungsgeschwindigkeit nicht mehr erreicht wird und deshalb außer Martensit auch Perlit und Zwischenstufengefüge sich bilden können. Unlegierte Stähle für Werkzeuge sind arm an Phosphor und Schwefel sowie an nichtmetallischen Einschlüssen. Legierungselemente wie Chrom, Nickel u. a. dürfen sie nicht enthalten, da das Einhärtevermögen sonst stark zunimmt und der Hauptvorteil der unlegierten Werkzeugstähle, ausgesprochener Schalenhärter zu sein, verlorengeht.

8. Einteilung der unlegierten Werkzeugstähle. Die unlegierten Werkzeugstähle werden nach Güteklassen unterteilt und innerhalb dieser die einzelnen Stähle dann nach ihrem Kohlenstoffgehalt bzw. nach der zu erreichenden Abschreckhärte gereiht. Die einzelnen Güteklassen unterscheiden sich vor allem durch das Einhärteverhalten der jeweiligen Stähle und damit etwa parallellaufend durch die Härteempfindlichkeit. Tab. 1 gibt eine Übersicht über gängige unlegierte Stähle für Werkzeuge, gegliedert nach Güteklassen und gereiht nach den Kohlenstoffgehalten.

9. Einhärtetiefe und Härteempfindlichkeit. Neben der Einhärtetiefe ist auch die Härteempfindlichkeit bei nicht durchhärtenden Abmessungen von der ersten bis zur dritten Güteklasse zunehmend. Als Härteempfindlichkeit wird die Weite des Härtetemperaturbereiches bei feinem Härtungsgefüge und die Anfälligkeit gegen Härtungsrisse bezeichnet. Dabei ist der Härtetemperaturbereich für ein und denselben Stahl jedoch keine feste Größe, sondern von der Einhärtetiefe, bedingt durch die Größe und Form des zu härtenden Werkzeuges, abhängig. Ein Stahl hat in Abmessungen, in denen er durchhärtet, einen engen Härtetemperaturbereich und ist auch härtungsrißempfindlicher als ein nichtdurchhärtender Querschnitt. Die Qualitätsstähle härten nicht nur wesentlich tiefer ein als die im Kohlenstoffgehalt vergleichbaren übrigen unlegierten Werkzeugstähle, sondern sind auch bedeutend härtungsrißempfindlicher. Für die Einhärtetiefe und die Härteempfindlichkeit ist nicht nur die chemische Zusammensetzung der Stähle, sondern vor allen Dingen auch ihre Erschmelzungsart maßgebend.

10. Erschmelzung und Lieferung. Die Erschmelzung der unlegierten Stähle für Werkzeuge erfolgt nach Güteklassen unterschiedlich. Die erste Güte wird üblicher-

Tabelle 1. *Einteilung der unlegierten Stähle für Werkzeuge, ihre Bezeichnung und chemische Zusammensetzung (Richtwerte)*

	Güteklasse	Kurzbezeichnung	Stoffnummer	chem. Zusammensetzung (Richtwerte)				
				% C	% Si	% Mn	% P	% S
Edelstähle	1. Güte Extra-Qualität	C 125 W 1	1560	1,25	0,10–0,25	0,10–0,25	< 0,025	< 0,025
		C 110 W 1	1550	1,10	0,10–0,25	0,10–0,25	< 0,025	< 0,025
		C 100 W 1	1540	1,00	0,10–0,25	0,10–0,25	< 0,025	< 0,025
		C 85 W 1	1530	0,85	0,10–0,25	0,10–0,30	< 0,025	< 0,025
		C 70 W 1	1520	0,70	0,10–0,25	0,10–0,35	< 0,025	< 0,025
	2. Güte Prima-Qualität	C 125 W 2	1660*	1,25	0,10–0,30	0,10–0,35	< 0,030	< 0,030
		C 110 W 2	1650*	1,10	0,10–0,30	0,10–0,35	< 0,030	< 0,030
		C 100 W 2	1640*	1,00	0,10–0,30	0,10–0,35	< 0,030	< 0,030
		C 85 W 2	1630*	0,85	0,10–0,30	0,10–0,35	< 0,030	< 0,030
		C 70 W 2	1620*	0,70	0,10–0,30	0,10–0,35	< 0,030	< 0,030
	3. Güte S. M.-Qualität	C 90 W 3	1760*	0,90	0,15–0,40	0,40–0,60	< 0,035	< 0,035
		C 75 W 3	1750	0,75	0,15–0,40	0,60–0,80	< 0,035	< 0,035
		C 67 W 3	1744	0,67	0,15–0,40	0,60–0,80	< 0,035	< 0,035
		C 60 W 3	1740*	0,60	0,15–0,40	0,60–0,80	< 0,035	< 0,035
		C 45 W 3	1730*	0,45	0,15–0,40	0,60–0,80	< 0,035	< 0,035
		C 35 W 3	1720*	0,35	0,15–0,40	0,40–0,60	< 0,035	< 0,035
	Stähle für Sonderzwecke	C 87 WS	1840	0,87	0,25–0,40	0,50–0,70	< 0,025	< 0,020
		C 85 WS	1830	0,85	0,25–0,40	0,50–0,70	< 0,025	< 0,025
		C 80 WS	1822	0,80	0,08–0,15	0,20–0,32	< 0,030	< 0,030
		C 55 WS	1820	0,55	<0,15	0,30–0,50	< 0,030	< 0,030
		C 15 WS	1805	0,15	0,15–0,35	0,25–0,50	< 0,030	< 0,030
	Qualitätsstähle	C 75	0605	0,75	0,25–0,50	0,60–0,80	< 0,045	< 0,045
		C 67	0603	0,67	0,25–0,50	0,60–0,80	< 0,045	< 0,045
		C 60	0601	0,60	0,25–0,50	0,50–0,80	< 0,045	< 0,045
		C 53	0505	0,53	0,25–0,50	0,40–0,70	< 0,045	< 0,045
		C 45	0503	0,45	0,25–0,50	0,50–0,80	< 0,045	< 0,045
		C 35	0501	0,35	0,25–0,50	0,40–0,70	< 0,045	< 0,045

* Außerdem noch andere Stoffnummern für bestimmte Verwendungszwecke.

weise im Elektroofen, die zweite sowie Sondergüten werden im Siemens-Martin-Ofen oder Elektroofen, die dritte Güte im Siemens-Martin-Ofen erschmolzen. Je nach der angestrebten Einhärtetiefe ist die Rohstoffauswahl und die Schmelzführung für unlegierte Werkzeugstähle unterschiedlich. Von besonderer Bedeutung ist für die Einhärtetiefe und damit gekoppelt die Härteempfindlichkeit auch die Desoxydation der Stähle. Von den Qualitätsstählen unterscheiden sich die Edelstähle noch durch ihre größere Gleichmäßigkeit, weitergehende Freiheit von nichtmetallischen Einschlüssen und ihre bessere Oberflächenbeschaffenheit. Der unterschiedliche Gehalt an Phosphor und Schwefel ist nicht das alleinige Merkmal. Die unlegierten Stähle für Werkzeuge werden geliefert als geschmiedete oder gewalzte Stäbe, als Scheiben und Stöckel, aber auch als Bleche oder Draht, in der Regel im weichgeglühten Zustand.

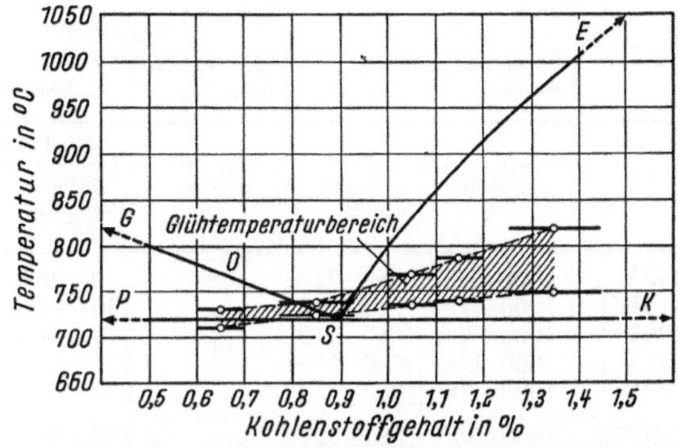

Abb. 10. Temperaturbereich für das Weichglühen von Stählen von 0,50 bis 1,50% C im Zustandsschaubild Eisen-Kohlenstoff [nach S. Ammareller: Stahl u. Eisen 70 (1950) 459—463]

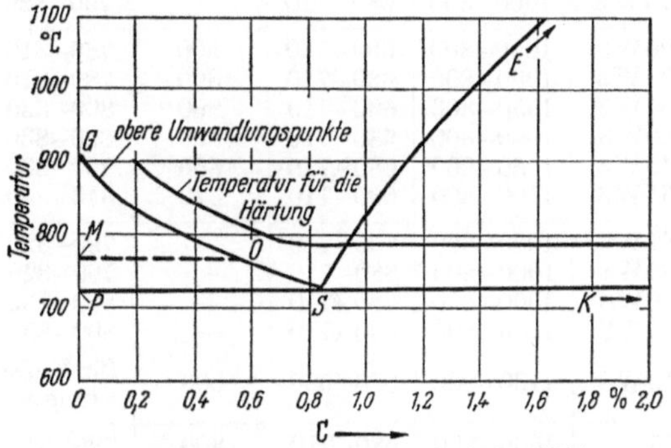

11. Warmformgebung und Wärmebehandlung. Die Warmformgebung der unlegierten Werkzeugstähle der ersten und zweiten Gütegruppe hat zwischen 1000 bis 800 °C zu erfolgen. Höhere Warmformgebungstemperaturen, vor allem Endtemperaturen führen durch Kornvergröberung zu einer Werkstoffschädigung. Die Stähle der dritten Gütegruppe und die Qualitätsstähle sind weniger empfindlich. Sie können deshalb auch aus etwas höheren Temperaturen warmverformt werden.

Abb. 11. Härtetemperaturen von unlegierten Stählen

Die Temperaturen für die Wärmebehandlung der unlegierten Werkzeugstähle können unmittelbar aus dem Eisen–Zementit-Schaubild abgelesen werden. Die Abb. 10 und 11 geben den dafür in Frage kommenden Ausschnitt mit den eingezeichneten Weichglüh- bzw. Härtetemperaturbereichen wieder.[1]

Bei untereutektoiden Stählen, also solchen mit weniger als 0,80% C, liegt die richtige Härtetemperatur etwa 30···50 °C über der *GOS*-Linie. Dabei gilt die höhere Temperatur für Öl-, die niedrigere für Wasserhärtung. Die übereutektoiden Stähle werden mehr oder weniger unabhängig vom Kohlenstoffgehalt von oberhalb der Linie *SK*, also von 780···800 °C gehärtet. Eine Härtung dieser Stähle von Temperaturen oberhalb der *ES*-Linie, was zur vollständigen Auflösung der Karbide führt, ergibt stark vergröbertes Härtegefüge und wegen des hohen gelösten Kohlenstoff-

[1] Nach den neuesten Erkenntnissen liegt der Kohlenstoffgehalt der eutektoiden Stähle bei 0,80% C (vgl. Abb. 7). Im Schrifttum findet man meistens noch 0,85 oder einen noch etwas höheren Wert angegeben, so auch in Abb. 10 und 11, die daher sinngemäß zu verstehen sind.

gehaltes einen beträchtlichen Restaustenitanteil, der zu einer Verminderung der Härte und damit Schneidhaltigkeit führt.

In Tab. 2 sind alle maßgebenden Daten für eine sachgemäße Warmformgebung und Wärmebehandlung zusammengestellt. Die dabei notwendigen Vorsichtsmaßnahmen wie Ofenführung, Abkohlungsschutz, zulässige Aufheizgeschwindigkeit, die notwendigen Haltezeiten auf den verschiedenen Temperaturen sowie die Schmiedegrundsätze usw. werden als bekannt vorausgesetzt.[1]

Tabelle 2

Temperaturbereiche für die Warmformgebung und Wärmebehandlung unlegierter Stähle für Werkzeuge und die ungefähren Oberflächenhärten sowie die Einhärtetiefen

Kurzbezeichnung	Warmformgebung °C	Weichglühen °C	Normalglühen °C	Härten		Oberflächenhärte in HRC	Einhärtetiefe	
				Härtetemperatur °C	Härtemittel		bei ø	in mm
C125W1	1000–800	680–710	—	760–790	Wasser	65	12– 60	~ 2
C110W1	1000–800	680–710	—	770–800	,,	65	12– 60	~ 2
C100W1	1000–800	680–710	—	770–800	,,	65	12– 60	~ 2
C 85W1	1000–800	680–710	—	780–810	,,	64	12– 60	~ 2
C 70W1	1000–800	680–710	—	790–820	,,	63	12– 60	~ 2
C125W2	1000–800	680–710	—	760–790	Wasser	65	15– 50	~ 3
C110W2	1000–800	680–710	—	760–790	,,	65	15– 80	~ 3
C100W2	1000–800	680–710	—	770–800	,,	65	15– 80	~ 3
C 85W2	1000–800	680–710	—	780–810	,,	64	15– 80	~ 3
C 70W2	1000–800	680–710	—	790–820	,,	63	15– 80	~ 3
C 90W3	1000–800	680–710	800	780–810	Öl	63	20– 80	~ 5
C 75W3	1000–800	680–710	800	780–810	,,	62	40–100	~ 5
C 67W3	1050–800	680–710	800	800–830	,,	60	40–100	~ 5
C 60W3	1050–800	680–710	820	800–830	,,	58	40–100	~ 5
C 45W3	1050–800	680–710	850	800–830	Wasser	57	20–100	~ 4
C 35W3	1100–800	680–710	870	810–840	,,	44	20– 80	~ 4
C 87WS	1000–800	680–710	—	790–820	Öl	63	—	—
C 85WS	1000–800	680–710	—	790–820	,,	63	—	—
C 80WS	1000–800	680–710	—	800–830	,,	63	—	—
C 55WS	1100–800	680–710	—	800–830	Wasser	60	10–20	~3
C 15WS	1100–800	650–680	900	für Einsatzbehandlung vorgesehen		—	—	—
C 75	1000–800	680–710	800	780–810	Öl	62	—	—
C 67	1050–800	680–710	800	780–810	,,	60	—	—
C 60	1050–800	680–710	820	800–830	,,	58	—	—
				770–800	Wasser	63	—	—
C 53	1050–800	680–710	830	810–840	Öl	54	—	—
				780–810	Wasser	60	—	—
C 45	1050–800	680–710	850	790–820	,,	57	—	—
C 35	1100–800	680–710	870	810–840	,,	44	—	—

Das Weichglühen soll den Stahl in den Zustand bester Bearbeitbarkeit versetzen, hat aber außerdem den Zweck, beim späteren Härten ein zähes Härtegefüge zu geben. Nach gutem Weichglühen sind alle Karbide kugelig eingeformt in einer ferritischen Grundmasse. Ein grobes Zementitgefüge, das manchmal nach einer Warmformgebung entsteht, kann durch Normalglühen zerstört werden. Diese Behandlung muß dem Weichglühen vorgeschaltet werden.

[1] Bezüglich der Wärmebehandlung wird auf Werkstattbuch Heft 7, Malmberg, Glühen, Härten und Vergüten des Stahles, und Heft 8, Klostermann, Die Praxis der Wärmebehandlung des Stahles, verwiesen.

Das Härten der unlegierten Werkzeugstähle erfolgt von den in Tab. 2 angegebenen Temperaturen. Größere Stücke sollen von der oberen, kleinere von der unteren angegebenen Temperatur gehärtet werden. Als Abschreckmittel dient entweder gewöhnliches Wasser oder dünnflüssiges Öl. Für einige Werkzeugtypen ist jedoch auch das Härten in Salzwasser oder Lauge üblich.

Das Anlassen der gehärteten Werkzeuge muß unmittelbar nach dem Härten erfolgen. Durch diese Maßnahme kann einem Reißen ebenso vorgebeugt werden, wie ein Herausnehmen der Werkzeuge aus dem Abschreckbad mit einer Temperatur von etwa 100 °C dieser Gefahr begegnet.

12. Erreichbare Oberflächenhärten und Einhärtetiefen. Aus Gründen der Übersichtlichkeit sind in Tab. 2 neben den Warmformgebungs- und Wärmebehandlungs-

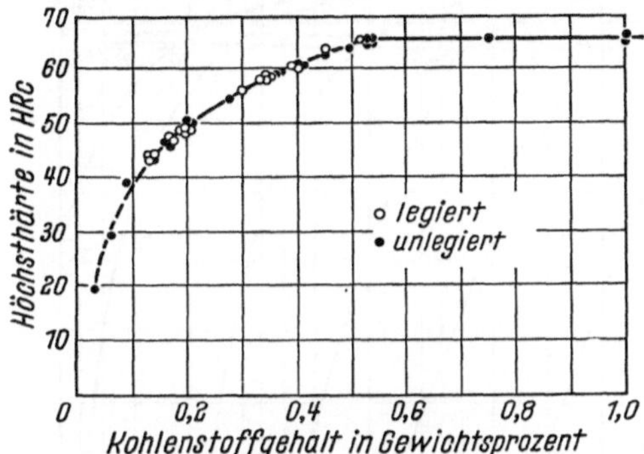

Abb. 12. Erreichbare Höchsthärte von Stählen in Abhängigkeit vom Kohlenstoffgehalt (nach J. L. BURNS, L. T. MOORE und R. S. ARCHER)

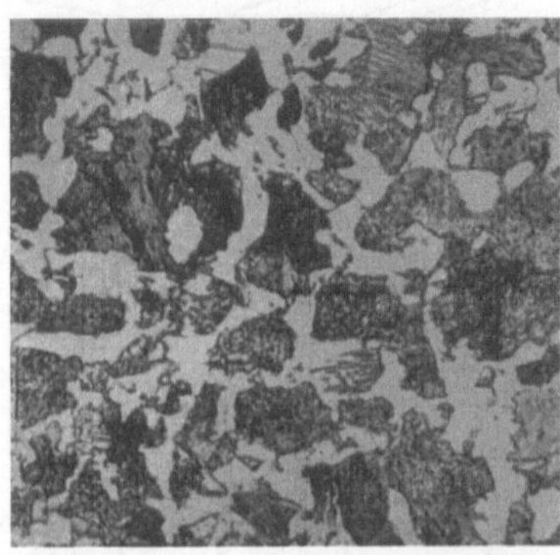

200:1

Abb. 13. 0,5% C, Ferrit und Perlit

500:1

Abb. 14. 1,4% C, Perlit mit Zementit

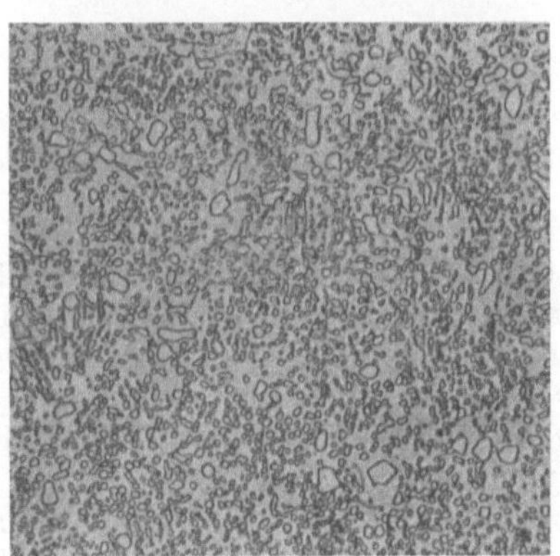

500:1

Abb. 15. 0,9% C, körniger Perlit

Abb. 13—15. Gefüge von Eisen-Kohlenstoff-Legierungen (nach HOUDREMONT)

temperaturen auch die erreichbaren Oberflächenhärten sowie die Einhärtetiefen der einzelnen Qualitäten für bestimmte Querschnitte angegeben. Die Tab. 2 gibt damit einen Überblick über das Gesamtgebiet der unlegierten Werkzeugstähle bezüglich ihrer Behandlung und der erreichbaren Werte.

Die erreichbare Oberflächenhärte hängt bei sachgemäßer Wärmebehandlung der Stähle nur vom Kohlenstoffgehalt ab. Abb. 12 gibt diese Abhängigkeit wieder.

Die Einhärtetiefe hängt bei den unlegierten Kohlenstoff-Werkzeugstählen neben ihrem Gehalt an Mangan und Silizium auch von ihrer Erschmelzung ab. Sie nimmt von der ersten Gütegruppe, den Extraqualitäten, über die zweite und dritte Gruppe bis zu den Qualitätsstählen zu.

13. Gefüge und Umwandlungscharakteristik. Nichtwärmebehandelte Kohlenstoff-Werkzeugstähle zeigen je nach dem Kohlenstoffgehalt und der Abkühlungs-

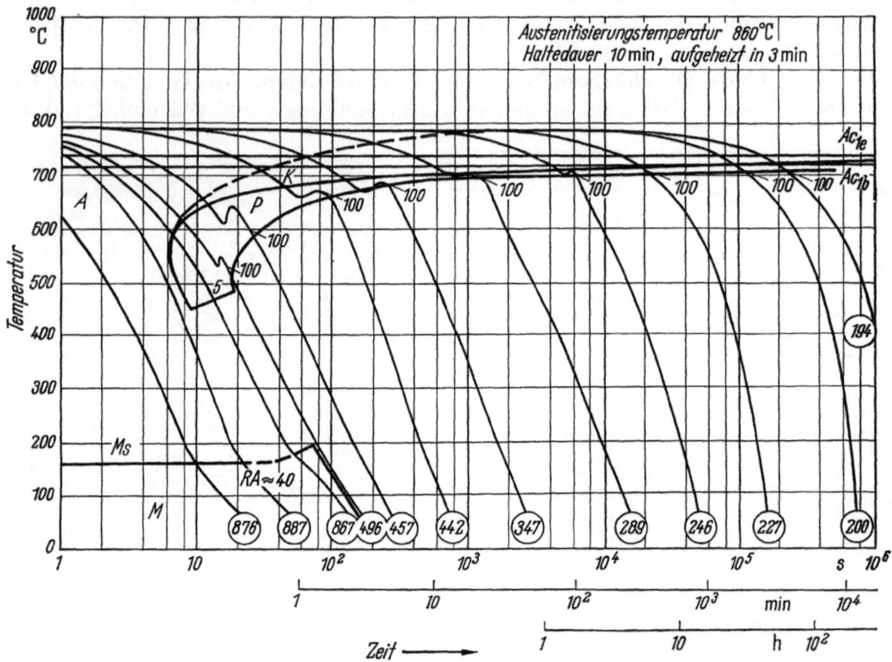

Abb. 16. Zeit-Temperatur-Umwandlungs-Schaubild des Stahles C 100 W 1 (kontinuierlich) (nach Atlas zur Wärmebehandlung der Stähle)

geschwindigkeit nach der richtig durchgeführten Warmformgebung mehr oder weniger streifigen Perlit und bei niedrig gekohlten Typen eine ferritische Grundmasse. Daneben sind jedoch vor allen Dingen bei den höhergekohlten Qualitäten Primärkarbide oder ein Zementitnetzwerk (Abb. 13 und 14) zu erkennen. Bei gut weichgeglühten Kohlenstoff-Werkzeugstählen hat sich der Perlit weitgehend kugelig eingeformt (Abb. 15). Dieses Gefüge ist für die spanabhebende Bearbeitung dann das günstigste und Voraussetzung für das Entstehen eines feinen Härtungsgefüges. In nichtdurchgehärteten Querschnitten sind auf dem metallografischen Schliff deutlich einzelne Zonen zu unterscheiden. Bei guter Härtung besteht die Randzone, also das Gebiet der Einhärtetiefe, aus sehr feinem Martensit, in dem bei überperlitischen Stählen je nach dem Kohlenstoffgehalt mehr oder weniger Karbide eingelagert sind. Diese martensitische Zone geht nach innen rasch in ein perlitisches Gefüge über. Auf die harte Randzone folgt der weiche zähe Kern.

Die Kohlenstoff-Werkzeugstähle sind in ihrer Mehrzahl Wasserhärter, d. h. die Abkühlungsgeschwindigkeit muß sehr groß sein, damit es überhaupt zum Härteeffekt kommt. Abb. 16 zeigt das Zeit–Temperatur-Umwandlungsschaubild eines Kohlenstoff-Werkzeugstahles. Das Gebiet der beginnenden Perlitumwandlung reicht bis zu sehr kurzen Zeiten. Bedingung für eine einwandfreie Härtung ist demnach, daß die Abkühlungsgeschwindigkeit so groß gewählt wird, daß die Abkühlungskurve nicht das Gebiet der Perlitnase berührt oder sogar durchstößt. In diesem Fall, nämlich wenn die Abkühlungsgeschwindigkeit nicht ausreicht, an der Perlitnase vorne vorbeizukommen, erhält man eine Vorumwandlung und damit nicht mehr volle Oberflächenhärte des Stahles. Die hohe Umwandlungsfreudigkeit der Kohlenstoff-Werkzeugstähle ist auch der Grund, warum die Einhärtetiefe bei diesen Stählen nur sehr gering ist. Die kritische Abkühlungsgeschwindigkeit, die zur Martensitbildung nötig ist, wird in größeren Tiefen nicht mehr erreicht und dann tritt kein Härteeffekt auf.

14. Auswahl und Bewährung der unlegierten Werkzeugstähle. Bei gegebener Art, Größe und Ausführung eines Werkzeuges muß die erste Überlegung dahin gehen, welche Arbeitshärte ist notwendig und welche Einhärtetiefe muß verlangt werden, um den Beanspruchungen gerecht zu werden. Die Abhängigkeit der Härte von der Anlaßtemperatur ist in Abb. 17 wiedergegeben. Dabei ist zu beachten, daß die Zähigkeit nicht linear mit dem Abfall der Härte ansteigt. Abb. 18 zeigt, daß ein ausgesprochenes Zähigkeitsmaximum bei einer Anlaßtemperatur von etwa 180 °C auftritt. Diese Tatsache wird viel zu wenig beachtet. Man sollte sich bemühen, diesen Bereich günstiger technologischer Eigenschaften auszunutzen.

Die Bewährung der unlegierten Werkzeugstähle für bestimmte Beanspruchungsfälle läßt sich am besten durch Betriebsversuche feststellen. Ein einmal festgestelltes Verhalten unter auch ähnlichen Bedingungen, z. B. Beanspruchungsgeschwin-

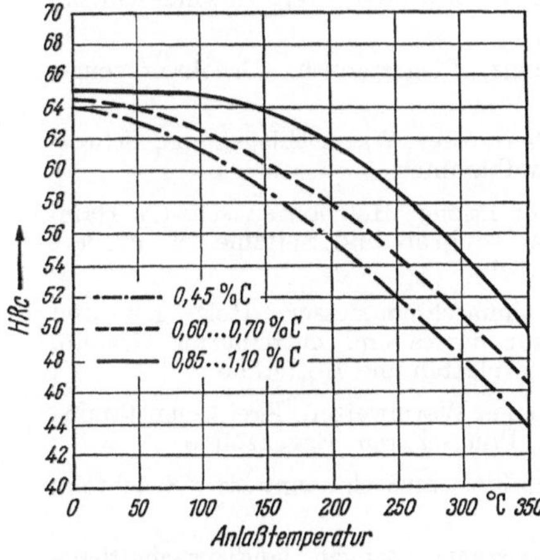

Abb. 17. Anlaßtemperaturkurven für drei unlegierte Werkzeugstähle

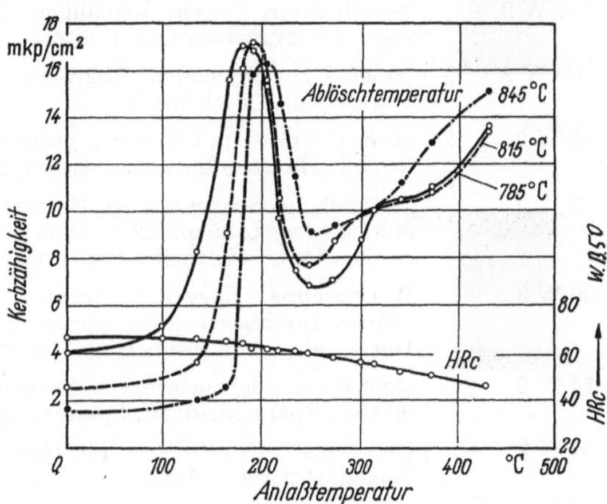

Abb. 18. Beurteilung der Zähigkeit eines unlegierten Stahles mit 1,06% C durch Schlagverdrehproben im Vergleich zur Rockwellhärte bei verschiedenen Härte- und Anlaßtemperaturen (nach G. V. LUERSSEN und O. V. GREENE)

digkeit, Druck und Beanspruchungstemperatur läßt sich nicht unbedingt übertragen. Außerdem geht die Güte der jeweiligen Wärmebehandlung maßgeblich in das Ergebnis ein.

Der Verschleißwiderstand nimmt mit steigendem Kohlenstoffgehalt und höherer Härte zu, ist jedoch auch von mehr oder weniger feinem Korn abhängig. Feines Härtekorn ergibt nicht nur den besseren Verschleißwiderstand, sondern führt, da es mit geringer Einhärtetiefe gekoppelt ist, auch zu besserer Gesamtzähigkeit. Die richtige Wahl der Härte und damit der Anlaßtemperatur ist oft ausschlaggebend für die Bewährung.

Tab. 3 gibt für die verschiedenen unlegierten Werkzeugstähle typische Verwendungsbeispiele. Die Tabelle erhebt dabei keinerlei Anspruch auf Vollständigkeit.

Tabelle 3. *Verwendungsbeispiele für unlegierte Stähle für Werkzeuge*

Kurzbezeichnung	Verwendungsbeispiele
C 125 W 1	chirurgische Instrumente, besonders schnitthaltige Messer und Schaber, Stichel
C 110 W 1	Gewindeschneidwerkzeuge, Fräser, Spiralbohrer, Reibahlen, Schaber, Senker, Holzbohrer, Schnitte, Stanzen, Schermesser, Lochstempel, Stiftmesser, Ziehringe, Ziehstempel, Gewindewalzbacken, Prägestempel, Markierhämmer, Kopfstempel und Backen für Stiftenmaschinen, Kaltschlagmatrizen und -backen, Endmaße, Prüfdorne
C 100 W 1	wie oben, wenn höhere Zähigkeit verlangt wird
C 85 W 1	größere Schermesser, einfache Schnittplatten und -stempel, flache Gesenke, Hohlprägewerkzeuge, Abgratwerkzeuge, Hammerkerne
C 70 W 1	Niethämmer und -setzer, Schneidwaren, Holzbearbeitungswerkzeuge, Nadeln für die Textilindustrie, Papier- und Lederstanzen, Schermesser, Spann- und Zentrierbacken
C 125 W 2	chirurgische Messer, Uhrmacherwerkzeuge, Schaber, Stichel, Marmorbohrer, Spitzbohrer, Fassonmesser für Gummi und Kunststoffe
C 110 W 2	Spiralbohrer, Fräser, Reibahlen, Senker, Gewindebohrer, Gewindeschneideisen, Ziehmatrizen und -dorne
C 100 W 2	Meißel, Durchschläge, Abgratwerkzeuge, Biegestanzen, Drückwerkzeuge, Markier- und Richthämmer
C 85 W 2	große Schnitte und Stanzen, große Schermesser, Warmschlagsäume, Schrotmeißel, Hammerkerne und -sättel, Handhämmer
C 70 W 2	gewöhnliche Schneidwaren, Stanzen für Papier, Holzbohrer, schwere Hämmer, niedrig beanspruchte Schermesser, Schrot- und Spitzmeißel, größere Schlagsäume, Holzbeitel und Handmeißel
C 90 W 3	Baggerzähne, Baggereimermesser, Mähmaschinenmesser, Holzsägen und Fräser, Steinbearbeitungswerkzeuge für hartes und mittelhartes Gestein, Hartzerkleinerungswerkzeuge wie Panzerplatten und Roststäbe
C 75 W 3	ölgehärtete oder naturharte Warmgesenke, Warmwalzen, Kreissägenstammblätter, Spannpatronen, Spannzangen, Pflugscharen, Eggenzähne
C 67 W 3	Handsägen, Hobelmesser für Gemüse, Fleischmaschinenmesser, Spachteln, Zementabstreifer, Äxte
C 60 W 3	Träger für Verbundwerkzeuge, Holzkreissägen, Zangen, landwirtschaftliche Messer, Schraubenzieher
C 45 W 3	billige Messerwaren aller Art, Hämmer, Zangen, Handmeißel, Schraubenschlüssel, Erdbohrmeißel, Beile und Äxte, Warmgesenke
C 35 W 3	Raspeln aller Art, Gabeln, Holzbohrer, Zangen
C 87 WS	Gatter- und Kreissägen bei höchster Beanspruchung
C 85 WS	Gatter- und Kreissägen, Trennbandsägen, Handsägen für die Forstwirtschaft
C 80 WS	ölgehärtete Sensen und Sicheln
C 55 WS	verstählte Äxte, Beile, Ambosse, Hämmer, Scheren, Zangen usw.
C 15 WS	im Einsatz zu härtende Werkzeuge, z. B. Kunstharzformen, Druckplatten usw.

Qualitätsstähle für geringer beanspruchte Werkzeuge

III. Legierte Kaltarbeitsstähle

15. Allgemeines. Die Kaltformgebung, die sich jahrhundertelang auf die spanabhebende-trennende oder einfache spanlose Formgebung wie Biegen, Abkanten, Treiben usw. beschränkte, hat in den letzten Jahrzehnten zusätzlich an Bedeutung gewonnen. Als nur ein Beispiel dafür soll das Fließpressen erwähnt werden.

Als Kaltformgebung von Werkstoffen gelten allgemein die Zerspanung und die spanlose Umformung von Werkstoffen bei Arbeitstemperaturen unter rund 200 °C. Kaltarbeitsstähle sind dafür geeignet, wenn vor allem auch bei der Zerspanung keine höheren Schnittemperaturen auftreten. Andernfalls ist auf die später besprochenen Warmarbeitsstähle bzw. Schnellarbeitsstähle zurückzugreifen. Als Kaltarbeitsstähle werden, wie schon früher festgestellt, die Mehrzahl der unlegierten Werkzeugstähle verwendet. Die zahlreichen Kaltarbeitsverfahren sowie die dauernd steigenden Anforderungen an die dazu verwendeten Werkzeuge bedingen eine Vielzahl von Kaltarbeitsstählen mit den unterschiedlichsten Gebrauchseigenschaften.

Eigenschaften, wie beispielsweise hohe Härte und damit Schnitthaltigkeit bei ausreichender Zähigkeit, guter Widerstand gegen Schlag und Druck oder Verschleiß oder eine Kombination dieser Eigenschaften werden verlangt und vom Stahlhersteller durch entsprechende Wahl des Kohlenstoffgehaltes in Verbindung mit zweckvollem Legieren erreicht.

16. Die verwendeten Legierungselemente. Neben den Legierungselementen Kohlenstoff, Silizium und Mangan, die ja auch in den unlegierten Kohlenstoffstählen in wohlabgewogenen Prozentsätzen enthalten sind, kommen in den legierten Kaltarbeitsstählen noch Chrom, Molybdän, Vanadin, Wolfram und Nickel teilweise einzeln oder meist in Kombination in den unterschiedlichsten Prozentsätzen hinzu.

Chrom, Molybdän, Vanadin und Wolfram erbringen durch Bildung von Karbiden eine Verbesserung der Härte und Anlaßbeständigkeit und damit eine Erhöhung des Verschleißwiderstandes und der Schnitthaltigkeit. Die durch diese Elemente bewirkte Kornverfeinerung erhöht außerdem die Zähigkeit der damit legierten Stähle. Eine weitere Erhöhung der Zähigkeit ist durch Nickel zu erreichen. Allerdings fällt bei höheren Nickelgehalten die erreichbare Oberflächenhärte etwas ab. Der Hauptgrund für die Verwendung von Nickel als Legierungselement in Kaltarbeitsstählen ist jedoch, daß es die Durchhärtung günstig beeinflußt. So wird vor allem die zulässige Druckbeanspruchung der aus solchen Stählen gefertigten Werkzeuge erhöht. Mangan, Chrom, Molybdän und Nickel vermindern die zur Härtung nötige kritische Abkühlungsgeschwindigkeit. Damit legierte Stähle sind deshalb je nach dem Anteil an diesen Elementen schon härtbar durch Abschrecken in Öl, im Warmbad oder sogar durch Abkühlen an Luft.

17. Erschmelzung und Lieferung. Zum Erschmelzen der legierten Kaltarbeitsstähle dient bei den Wolfram-, Chrom- und Mangan-reichen Stählen üblicherweise der Elektroofen. Die Chrom-Vanadin-, Chrom-Nickel- und Mangan-Vanadinlegierten Stähle können sowohl aus dem Elektro- wie auch dem Siemens-Martin-Ofen stammen. Ausschlaggebend für die Erschmelzungsart ist neben dem Legierungsgehalt der verlangte Reinheitsgrad und der spätere Verwendungszweck. Nur die Gruppe der Mangan-Silizium- bzw. der Mangan-Silizium-Chrom-Stähle werden in der Regel im Siemens-Martin-Ofen erschmolzen.

Geliefert werden die legierten Kaltarbeitsstähle in denselben Formen wie auch die unlegierten Kohlenstoffstähle, also als Stäbe, Scheiben, Stöckel, Bleche und Draht. Darüber hinaus werden jedoch auch Gußstücke in legierten Kaltarbeitsstahlqualitäten hergestellt. Das Gußverfahren erlaubt in manchen Fällen eine erhebliche Verbilligung der oft großen Werkzeuge, wie Ziehringe u. ä. Die legierten Kaltarbeitsstähle liefert das Stahl- bzw. Hammerwerk meist im weichgeglühten Zustand. Die Härtung erfolgt nach Anarbeitung dann bei der Werkzeugfabrik oder beim Endverbraucher.

18. Unterteilung der legierten Kaltarbeitsstähle nach Anwendungsbereichen. Die Aufgliederung der gängigen legierten Kaltarbeitsstähle nach Anwendungsgebieten ist bei der Vielfalt der Werkzeuge für Kaltarbeit und der sich oft ganz oder zumindest teilweise überschneidenden Verwendungszwecke schwierig. Die Aufteilung nach Legierungsgehalt wäre einfach, ergibt jedoch kein geschlossenes Bild vom Verwendungszweck her gesehen. Eine dritte Möglichkeit ist die Einteilung nach charakteristischen anderen Merkmalen, also z. B. schlagzähe Stähle, durchhärtende Stähle, maßänderungsarme Stähle, Sägenstähle und Werkzeugstähle höchster Härte.

In Tab. 4 wird eine Aufteilung nach der letztgenannten Art gegeben. Dabei sind nur häufig gebrauchte Stähle mit nicht nur jeweils einer Verwendungsmöglichkeit berücksichtigt.

a) Die schlagzähen Stähle, die auch als Dauerstähle bezeichnet werden, dienen einerseits zur Herstellung von Werkzeugen für die spanlose Formgebung von Schrauben, Muttern, Bolzen, Nieten und ähnlichen Werkstücken. Andererseits werden sie als Druckluft-Einsteckwerkzeuge oder aber auch als Handwerkzeuge

Tabelle 4. *Legierte Kaltarbeitsstähle für verschiedene Verwendungsgebiete* (s. auch Tab. 8, 5)

Verwendungsgruppe	Kurzbezeichnung	Stoffnummer	chem. Zusammensetzung (Richtwerte)						
			% C	% Si	% Mn	% Cr	% V	% W	
Schlagzähe	61 Cr Si V 5	2243	0,61	0,9	0,8	1,2	0,1	—	
Stähle	45 Si Cr V 6	2249	0,45	1,5	0,6	1,5	0,1	—	
(Dauerstähle)	38 Si Cr V 6	2248	0,38	1,5	0,4	1,5	0,1	—	
	60 W Cr V 7	2550	0,60	0,6	0,3	1,1	0,2	2,0	
	45 W Cr V 7	2542	0,45	1,0	0,3	1,1	0,2	2,0	
	35 W Cr V 7	2541	0,35	1,0	0,3	1,1	0,2	2,0	
							% Mo	% Ni	
Durchhär-	50 Ni Cr 13	2721	0,50	0,2	0,5	1,0	—	3,3	
tende Stähle	X 45 Ni Cr Mo 4	2767	0,45	0,2	0,4	1,3	0,2	4,0	
							% V	% W	% Mo
Maß-	X 210 Cr 12	2080	2,10	0,3	0,3	12,0	—	—	—
änderungs-	X 210 Cr W 12	2436	2,10	0,3	0,3	12,0	—	0,7	—
arme Stähle	X 165 Cr Mo V 12	2601	1,65	0,3	0,3	12,0	0,1	0,5	0,6
	90 Mn V 8	2842	0,90	0,2	2,0	—	0,1	—	—
	105 W Cr 6	2419	1,05	0,2	1,0	1,0	—	1,2	—
	145 Cr 6	2063	1,45	0,2	0,6	1,4	(0,1)	—	—
	105 Mn Cr 4	2127	1,05	0,3	1,1	0,9	—	—	—
Stähle höch-	142 W V 13	2562	1,42	0,2	0,3	0,3	0,3	3,0	
ster Härte	X 130 W 5	2453	1,30	0,2	0,3	0,1	—	5,0	
	140 Cr 3	2008	1,40	0,2	0,3	0.7	—	—	
							% V	% Wo	% Co
Sägenstähle	X 165 Cr Co Mo 12	2880	1,65	0,3	0,3	12,0	0,5	—	1,0
(mit Aus-	105 W Cr 6	2419	1,05	0,2	1,0	1,0	—	1,2	—
nahme der	105 Cr 5	2060	1,05	0,3	0,2	1,4	—	—	—
Schnellarbeits-	115 W 8	2442	1,15	0,2	0,3	0,2	—	2,0	—
stähle und	80 Cr V 2	2235	0,80	0,3	0,4	0,5	0,2	—	—
der unlegier-	64 Si Cr 5	2102	0,64	1,3	0,5	0,5	—	—	—
ten Werk-									
zeugstähle)									

verwendet. Daneben finden sie Verwendung für Stanz- und schwere Schnittarbeiten (Schermesser). Sie sind einer dauernden schlagenden Beanspruchung unterworfen. Diese Beanspruchung erfordert hohe Zähigkeit des verwendeten Stahles bei unter Umständen gleichzeitig hoher Härte. In der Mehrzahl der Fälle wird allerdings meist keine Höchsthärte, auch nicht an der Arbeitsfläche verlangt. Durch geeignete Legierungsauswahl ist es möglich, dieser sich an und für sich widersprechenden Forderung gerecht zu werden und ausreichende Härte bei einem Maximum an Zähigkeit zu erreichen. Neben der notwendigen Arbeitshärte, die die entsprechende Verschleißfestigkeit mit sich bringt, ist von ausschlaggebender Bedeutung, daß die Dauerwechselbeanspruchung ertragen wird und daß bei den auftretenden Druck- und Zugkräften die Maßhaltigkeit der Werkzeuge möglichst lange bestehen bleibt.

Die Gruppe der schlagzähen Stähle läßt sich unterteilen in Werkzeugstähle, die auf Silizium- oder Chrom-Silizium- und diejenigen, die auf Chrom-Wolfram-Basis aufgebaut sind. Beide Gruppen enthalten aus verarbeitungs- und härtetechnischen Gründen geringe Vanadin-Zusätze. Der Vanadin-Zusatz soll einer Kornvergröberung bei der Warmformgebung wie auch beim Härten entgegenwirken und damit zur Erhöhung der Dauerfestigkeit beitragen. Die Silizium-legierten schlagzähen Stähle erhalten durch dieses Legierungselement federnde Eigenschaften, während bei den Wolfram-legierten schlagzähen Stählen die Schnitthaltigkeit der Werkzeuge durch dieses Legierungselement günstig beeinflußt wird. Die letztgenannte Gruppe dient deshalb auch bevorzugt für Werkzeuge, die Stanz- oder Schnittarbeiten ausführen sollen. Die Verwendung der Wolfram-legierten schlagzähen Stähle bietet gegenüber den Chrom-legierten ledeburitischen Stählen, die ebenfalls für Schnitte verwendet werden, den Vorteil der wesentlich höheren Zähigkeit. In Tab. 4 sind die beiden Gruppen der schlagzähen Stähle in der eben beschriebenen Reihenfolge aufgeführt. Die Auswahl des richtigen Stahles wird durch die Staffelung des Kohlenstoffgehaltes innerhalb der beiden genannten Gruppen für den als günstig erkannten Oberflächenhärtebereich erleichtert. Es ist nicht zweckvoll, bei relativ geringer als günstig erkannter Oberflächenhärte einen Stahl mit hohem Kohlenstoffgehalt zu wählen und diesen entsprechend hoch anzulassen. In diesem Zusammenhang sei wieder auf eine sinnvolle Wahl der Anlaßtemperatur hingewiesen, die sich aus der Bewährung oder rein versuchsmäßig aus Zähigkeitsmessungen in Abhängigkeit von der Anlaßtemperatur ergibt (Abb. 19).

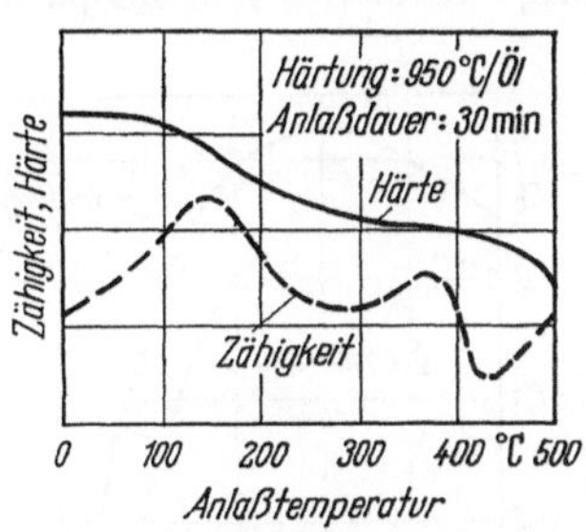

Abb. 19. Abhängigkeit der Härte und Drehschlagzähigkeit von der Anlaßtemperatur bei einem Stahl 45 W Cr V 7

Die beiden Gruppen der schlagzähen Stähle sind jedoch keineswegs nur auf die genannten wenigen Verwendungsgebiete beschränkt. Sie sind vielmehr weitgehend universell verwendbar. Außer für Kaltarbeit sind sie auch für Warmarbeit bei entsprechend niedriger thermischer und mechanischer Beanspruchung gut geeignet.

Hauptanwendungsgebiete sind, wie schon der Name der Stähle besagt, Arbeiten, die mit Schlagbeanspruchung verbunden sind. Die Gruppe der Chrom-Silizium-legierten Stähle wird für Döpper, Meißel und Stemmer in Preßluftwerkzeugen ebenso verwendet wie für Kaltlochstempel, Durchschläge und Abgratwerkzeuge. Sie sind aber auch als Maschinenmesser für die Metall- und Holzbearbeitung geeignet. Auch Preßwerkzeuge lassen sich daraus herstellen. Die Wolfram-Chrom-legierten schlagzähen Stähle werden für dieselben Werkzeugarten verwendet. Das Hauptanwendungsgebiet, vor allem der härtesten Qualität, liegt ebenso auf der Verwendung als Kaltlochwerkzeug wie als Werkzeug für die Holzbearbeitung. Für die weicheren Sorten ist vor allem die Verwendung als Druckluft-Einsteckwerkzeug und als Schermesser auch für größere Abmessungen kennzeichnend.

b) Die durchhärtenden Stähle gemäß Tab. 4 sind solche, die eine gute Durchhärtung, d. h. ein großes Tiefenhärtungsvermögen, aufweisen. Bedingt ist diese hohe Einhärtung durch eine Addition der Wirkungen des Chrom- und Nickel-Legierungsgehaltes. Auf Grund dieser hohen Einhärtung sind die beiden aufgeführten Stähle dieser Gruppen besonders geeignet für große Werkzeuge bei hoher Druck- und auch Schlagbeanspruchung. Der Nickelgehalt dieser Stähle ergibt in Verbindung mit dem Chrom- und relativ hohen Kohlenstoffgehalt eine sehr kleine kritische Abkühlgeschwindigkeit, so daß es möglich ist, diese Stähle an Luft zu härten. Es gelingt, auch bei großen Werkzeugabmessungen, durch eine Druckluftbrause eine Härte von etwa 54···56 RC zu erreichen. Die durchhärtenden Stähle haben ihr Hauptanwendungsgebiet in der Besteckindustrie für Massiv-Prägewerkzeuge zur Herstellung von Löffeln und Gabeln oder von Schalen der Messergriffe. Darüber hinaus werden sie jedoch auch für Bijouteriegesenke und Einsenkpfaffen verwendet. Die Verschleißfestigkeit der durchhärtenden Stähle dieser Gruppe ist so gut, daß die Besteckstanzen und ähnliche Werkzeuge nicht allzu oft in ihrer Gravur nachgesetzt werden müssen.

c) Maßänderungsarme Stähle sind solche, die beim Härten und dem sich anschließenden Anlassen möglichst geringe Änderungen ihrer Form und Abmessungen aufweisen sollen. Sie werden vor allem für Schnitte, für Stanzwerkzeuge, aber auch für Schneid- und Meßwerkzeuge verwendet.

Die Maßänderungen nach dem Härten und Anlassen der Werkzeuge gegenüber den ursprünglichen Maßen im geglühten Zustand setzen sich aus der Formänderung durch die Wärmespannungen und der Volumenänderung aus der Martensitbildung zusammen. Beide sind von mannigfachen Faktoren abhängig. Durch die Wärmespannungen versuchen alle von der Kugelgestalt abweichenden Körper, sich dieser zu nähern. Durch die Martensitbildung werden die gehärteten Werkzeuge größer, und zwar wachsen die wasserhärtenden Stähle (Durchhärtung vorausgesetzt) am meisten. Den geringsten Zuwachs zeigen die ledeburitischen[1] 12- oder 13%igen Chromstähle. Außerdem geht auch die Härtetemperatur als Wachstumsgröße in das Endergebnis ein. Während vor allem bei den ledeburitischen Chromstählen eine Erhöhung der Härtetemperatur — bedingt durch zunehmende Restaustenitbildung — ein geringeres Wachstum ergibt, wachsen nichtdurchhärtende Abmessungen der übrigen Stähle mit zunehmender Härtetemperatur mehr.

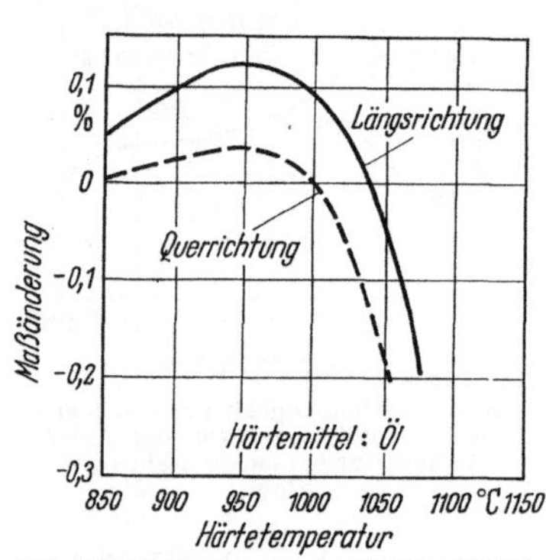

Abb. 20. Maßänderung des Stahles X 210 Cr 12

Beim Anlassen der gehärteten Werkzeuge tritt eine zusätzliche Maßänderung ein. Die ledeburitischen Chromstähle zeigen bis etwa 450 °C eine Verminderung der Maßänderung, d. h. die Werkzeuge daraus werden kleiner. Im Anlaßbereich zwischen 500 und 600 °C werden sie, verursacht durch Austenitzerfall, größer. Die übrigen

[1] Ledeburit ist ein Gefügebestandteil, der bei allen Stählen mit höheren C-Gehalten oder auch bei relativ niedrigem C-Gehalt und höheren Legierungsanteilen auftritt. Er entspricht letztlich der Zusammensetzung des Punktes C im Eisen-Zementit-Schaubild (Abb. 7). Ledeburit ist bei üblichen Härtetemperaturen nur zum Teil in Lösung zu bringen und beteiligt sich deshalb nicht vollständig am Härtevorgang.

Stähle dieser Gruppe werden durch Martensitzerfall bis etwa 200 °C kleiner, zwischen 200 und 320 °C durch Austenitzerfall größer. Darüber nimmt das Volumen dieser Stähle wieder ab.

Die Maßänderungen, die auftreten, sind immer das Ergebnis einer Überlagerung der Form- und Volumenänderung. Durch geeignete Stahlauswahl bei gegebenem Werkzeug sowie durch entsprechende Wahl der Härte- und Anlaßbedingungen gelingt es, auch schwierige Werkzeuge mit nur geringen Maßabweichungen zu erhalten (Abb. 20).

Auf die Richtungsabhängigkeit der Maßänderungen bei den hochgekohlten 12- oder 13%igen Chromstählen sei nur hingewiesen. Durch besondere Herstellungsbedingungen kann dieser Erscheinung jedoch entgegengearbeitet werden.

d) Die Gruppe der Stähle höchster Härte umfaßt im Grunde nur wenige Qualitäten. Es sind in jedem Fall Stähle mit einem den eutektoiden weit überschreitenden Kohlenstoffgehalt. Darüber hinaus sind sie mit Legierungselementen versehen, die die Martensithärte nicht beeinträchtigen, sondern zusätzlich harte Karbide bilden. Einige dieser Stähle sind in Tab. 4 genannt.

Die Stähle höchster Härte werden für spanabhebende wie auch spanlose Formgebung eingesetzt. Typische Beispiele dafür sind einerseits die Feinstdreh- und Fräswerkzeuge der Uhren- und feinmechanischen Industrie und andererseits die Verwendung als Ziehwerkzeuge, und zwar sowohl als Matrizen als auch für Dorne. Mit den auch unter der Bezeichnung „Riffelstähle" bekannten 3%igen wasserhärtenden Wolframstählen lassen sich die überhaupt höchsten Härten der Werkzeugstähle erreichen. Bei der Verwendung dieser Stähle für die Zerspanungsarbeiten ist darauf zu achten, daß die Schneidenerwärmung wegen der nur geringen Anlaßbeständigkeit möglichst gering ist. Mäßige Schnittgeschwindigkeiten sind deshalb Voraussetzung für den erfolgreichen Einsatz. Bedingt durch die hohe erreichbare Härte von über 66 HRC können mit dem Stahl 142 WV 13 auch Glas und Porzellan zerspant werden. Darüber hinaus werden sie aber auch für besonders auf Verschleiß beanspruchte Teile von Strickmaschinen verwendet.

Für das Riffeln von Mühlenwalzen, von dem die 3%igen Wolframstähle ihren Namen haben, werden sie gar nicht mehr verwendet. Sie sind dafür durch die Hartmetalle verdrängt worden.

Von den beiden noch genannten Stählen dient der 5%ige Wolframstahl mit etwa 1,4% C fast ausschließlich für Kaltziehmatrizen. Er leistet dabei beträchtliches. Für sehr harte Feilen wird der zuletzt genannte 140 Cr 3 verwendet. Vor allem Prüffeilen sind meist aus diesem Stahl hergestellt.

e) Die Sägenstähle sind bestimmt für die Herstellung von Schneidwerkzeugen, die gekennzeichnet sind durch Streifen, Bänder oder kreisförmige Blätter. Dabei können die Zähne, die zum Schneiden dienen, bei verschiedenen Sägentypen entweder einseitig oder auch beidseitig angebracht sein. Der Vorteil des Sägens besteht gegenüber anderen trennenden Arbeitsgängen darin, daß der Materialverlust klein gehalten wird.

Die Einteilung der Sägenstähle ergibt sich aus dem Einsatz der daraus später herzustellenden Sägen. Grundsätzlich sind zu unterscheiden Maschinen- und Handsägen, wobei die sogenannten Langsägen für beide Arten verwendet werden, während Kreis- und Bandsägen nur für den maschinellen Einsatz in Frage kommen. Außer dieser Unterteilung ist noch eine Gruppierung nach den zu trennenden Werkstoffen nötig. Zu unterscheiden sind Sägen für die Metallbearbeitung, sogenannte Metallsägen, Sägen zum Trennen von organischen Natur- oder Kunststoffen und Sägen zum Bearbeiten von Gesteinen. Die Auswahl der zweckmäßig zu verwendenden Stähle muß nach diesen Gesichtspunkten erfolgen. In Tab. 4 sind vielverwendete Sägenstähle nach diesen Gesichtspunkten unterteilt. Für die Metallsägen werden neben Schnellarbeitsstählen, die vor allen Dingen für Maschinensägen Verwendung finden, ledeburitische Chromstähle, darüber hinaus aber auch Wolframstähle mit hohen Kohlenstoffgehalten eingesetzt. Die Sägenstähle zum Trennen organischer Natur- oder Kunststoffe, also vor allem die Holzsägen für den Maschinenbetrieb, sind, wenn mit unlegierten Werkzeugstählen nicht mehr das Auslangen gefunden wird, meist Chrom- oder auch Chrom-Vanadin-legiert. Für Handsägen genügt im allgemeinen ein unlegierter Werkzeugstahl. Kaltkreissägenblätter werden für den Metall- wie auch Holzschnitt, sofern es sich um weiche Metalle handelt, aus einem hochgekohlten Chrom-haltigen Stahl gefertigt.

Die Sägen zum Bearbeiten von Gesteinen unterscheiden sich von üblichen Sägen dadurch, daß sie zähnelos sind und daß die Trennarbeit von aufzugebendem Quarz- oder Stahlsand, in manchen Fällen auch von Silizium-Karbid oder Rohdiamanten übernommen wird. Während früher sowohl Lang- wie auch Kreissägen für das Zerteilen von Gesteinen üblich waren, sind heute die Kreissägen ersetzt worden durch Trennschleifscheiben. Die Lang- bzw. Bandsägen werden aus unlegierten Stählen in Form von warmgewalzten Blechen oder Bändern mit je nach dem zu schneidenden Gestein unterschiedlichen Härten verwendet. Das zu verwendende Schneidgut (Quarz- oder Stahlsand usw.) ist nicht nur von der Härte des Gesteins, sondern auch von diesem selbst abhängig, z. B. darf Marmor nie mit Stahlsand gesägt werden, da sich sonst auf den Schnittflächen schlecht aussehende Rostverfärbung bilden würden. Außer mit Sägeblättern werden Gesteine auch mit Draht gesägt. Dieser ist profiliert und transportiert deshalb das Schneidmittel, meist Quarzsand oder Stahlkies.

f) Kaltarbeitsstähle für Zerspanungsarbeiten. Auf den speziellen Fall der Zerspanung durch Sägen wurde bereits eingegangen. Die dafür verwendeten Stähle sind relativ leicht zusammenzufassen. Für die anderen Zerspanungsarten, also das Drehen, Fräsen, Bohren, Feilen usw., ist dies nicht möglich. Nur durch Aufzählen von Stählen und Verwendungsbeispielen ist dieses Gebiet zu beschreiben.

Eine ganze Anzahl von Stählen, die in Tab. 4 genannt sind, werden auch für spanende Formgebung verwendet. Meist ist jedoch die spezifische Eigenschaft, unter der diese Stähle behandelt werden, der primäre Grund, warum gerade sie verwendet werden und nicht einer der Stähle, die nun genannt werden sollen.

Reine Chromstähle dienen vor allem für Schneidarbeit; als Beispiele dafür die Stähle 140 Cr 2 und 125 Cr 1, die für Rasiermesser bzw. Rasierklingen häufig eingesetzt werden. Andere reine Chromstähle werden für Maschinenmesser verwandt (85 Cr 1).

Wolframstähle ohne sonstige Legierungszusätze dienen für Spiral- und Gewindebohrer, vor allem in Silberstahlausführung, also geschält bzw. geschliffen und poliert.

Für Maschinenmesser zur Bearbeitung von Holz, Leder, Papier und Kunststoffen wird nicht nur der schon genannte Chrom-legierte Stahl, sondern vor allem Wolfram-Chrom-Vanadin (80 W Cr V 3, 80 W Cr V 8, 110 W Cr V 5) und Wolfram-Vanadin-legierter Stahl (100 W V 4) eingesetzt. Der zuletzt genannte 100 W V 4 wird auch für verstählte Werkzeuge (mit aufgesetzter Stahlschneide) verwandt.

Für gesteigerte Ansprüche bei der Bearbeitung von Harthölzern und Kunststoffen werden die ledeburitischen Chromstähle und davon vor allem der Stahl X 165 Cr Mo V 12 genommen. Besonders für Holzfräser hat sich dieser Stahl bewährt, nicht zuletzt natürlich wegen seiner geringen Verzugsneigung beim Härten.

Für die Bearbeitung von Gesteinen müssen naturgemäß sehr harte und abriebfeste Stähle verwandt werden. Als Hohlbohrer zur Herstellung von Sprenglöchern dienen heute meist hartmetallbestückte Bohrer, doch kann man in weicheren Gesteinen auch den Stahl 100 Cr Mo 5 ohne Bestückung verwenden.

Neben den genannten Gruppen von Kaltarbeitsstählen gibt es noch eine Vielzahl von für Einzelzwecke entwickelten und dafür besonders geeigneten Stählen, von denen einige näher beschrieben werden sollen.

g) Kaltwalzenstähle. Während noch vor einigen Jahren Arbeitswalzen zum Kaltwalzen von Eisen und Stahl als auch von Nichteisenmetallen wie Kupfer, Messing und Zink praktisch ausschließlich aus ein und demselben Chromstahl gefertigt und wassergehärtet wurden, zwang die Weiterentwicklung des Kaltwalzens zu einer sehr feinfühligen Differenzierung der Stahlauswahl für die verschiedenen Gerüste und Arbeitsbedingungen. Zusätzlich brachten aber auch neuere Härtemethoden wie die Oberflächenhärtung, als Flammen- bzw. Induktionshärtung, andere Forderungen an die dafür verwendeten Stähle.

In Tab. 5 sind dem „klassischen“ Kaltwalzenstahl neuere Stähle für diesen Verwendungszweck gegenübergestellt. Bei der Vollhärtung von Kaltwalzen ist eine Staffelung des Kohlenstoff- und Chrom-Gehaltes zweckmäßig, und zwar in der

Tabelle 5. *Kaltwalzenstähle*

Kurz-bezeichnung	Stoff-nummer	chem. Zusammensetzug (Richtwerte)								Verwendung
		% C	% Si	% Mn	% Cr	% Mo	% V	% W	% Co	
85Cr7	2064	0,85	0,2	0,3	1,8	—	—	—	—	allgemein
85CrMo7	2304	0,85	0,2	0,3	1,8	0,3	(0,1)	—	—	größere Duo-Walzen, Quarto-Walzen
X210Cr12	2080	2,10	0,3	0,3	12,0	—	—	—	—	Arbeitswalzen in Vielrollengerüsten (-Rohn, Sendzimir-)
X210CrW12	2436	2,10	0,3	0,3	12,0	—	—	0,7	—	
—	—	1,5	0,2	0,2	5,0	3,0	5,0	6,5	5,0	wie zuvor

Richtung, daß kleinere Kaltwalzen einen höheren Kohlenstoff-, dafür aber niedrigeren Chromgehalt haben. Man vermeidet durch diese Maßnahme erhöhten Härteausschuß, der bei der Kaltwalzenfertigung durch das Vorkommen von Kantensprüngen oder auch explosionsartigem Zerspringen der Walzen auftreten kann. Nicht selten ist ein an und für sich belangloser Einschluß im Stahl der Punkt, von dem aus sich die enormen Härtespannungen abbauen. Übliche Gebrauchshärten für Arbeitswalzen sind je nach den zu walzenden Werkstoffen 90···102° Shore D entsprechend 60···65 HRC.

Die Stützwalzen in kleineren Quarto- und Sechsrollengerüsten werden aus demselben Chromstahl wie die Arbeitswalzen hergestellt. In großen Gerüsten, vor allem den Breitbandwalzwerken, sind sie oft zweiteilig. Sie bestehen aus einer Achse aus Baustahl und einem aufgeschrumpften gehärteten Mantel aus Chromstahl. Die Oberflächenhärte solcher Mäntel beträgt oft 60···70° Shore D entsprechend 43 bis 50 HRC.

In Vielrollengerüsten werden die Arbeitswalzen vielfach aus Schnellarbeitsstahl, die Zwischenwalzen aus ledeburitischen Chromstählen und die Stützwalzen bzw. Stützrollen aus 2%igem Chromstahl gemacht. Die Härte wird von den Arbeitswalzen zu den Stützwalzen fallend von 66···56 HRC gewählt.

Für Prägewalzrollen genügt meist ein Stahl mit geringerem Chromgehalt, da die notwendige Einhärtetiefe nicht so groß sein muß.

h) Kunstharzformenstähle. Die für Kunstharzformen verwendeten Stähle stammen aus den verschiedensten Werkzeugstahlgruppen. Als Kunstharze sollen hier alle Kunststoffe gleich welcher Herkunft und unabhängig ob Thermo- oder

Duroplaste verstanden werden. Verarbeitet werden diese Stoffe als Spritzguß, durch Form- und Spritzpressen oder durch Walzen. Außer Einsatzstählen finden wir für diesen Verwendungszweck Nitrierstähle, unlegierte Kohlenstoff-Stähle, durchhärtende ebenso wie maßänderungsarme Stähle. Für chemisch aggressive Kunstharze sind außerdem auch martensitische 13%ige Chromstähle in Verwendung.

In Tab. 6 sind einige Stähle für Kunstharzformen zusammengestellt. Die Tabelle enthält außerdem Hinweise für den Einsatz und zweckmäßige Einbaufestigkeiten.

Tabelle 6. *Stähle für Kunstharzformen*

Kurzbezeichnung	Stoff-nummer	Verwendungsbereich	Einbaufestigkeit	
			kp/mm²	HRC
X 6 Cr Mo 5	2341	kalteinzusenkende Formen	—	58–60
X 19 Ni Cr Mo 4	2764	spanabhebend bearb. Formen	—	> 62
21 Mn Cr 5	2162	spanabhebend bearb. Formen	—	> 62
C 10	0301	kalteinzusenkende Formen	—	> 61
34 Cr Al 6	2851	nitrierte Formen	—	~ 900 HV
29 Cr Mo V 9	2307	nitrierte Formen	—	~ 750 HV
C 45	0503	ohne zusätzliche	~ 60	—
C 60	0601	Wärmebehandlung	~ 70	—
X 45 Ni Cr Mo 4	2767	große Formen	~ 160	—
54 Ni Cr Mo V 6	2711	große Formen	~ 160	—
105 W Cr 6	2419	geringe Maßänderung	—	60–62
90 Mn V 8	2842	bei auch flacher Form	—	60–62
X 40 Cr 13	2083	korrosionsbeständige Formen	—	50–54

i) Hartzerkleinerungsstähle. Für die Hartzerkleinerung, also das Brechen von Gesteinen usw., hat sich seit Jahren ein Stahl bewährt, der ganz aus dem Rahmen der Kaltarbeitsstähle herausfällt. Es ist derselbe Werkstoff, der auch für Baggerzähne und Arbeitsschwalbungen verwendet wird. Die besondere Beanspruchung bei diesen Arbeitsgängen macht diesen Werkstoff notwendig. Bei einem Kohlenstoffgehalt von ~ 1,2% hat er 12% Mangan und ist damit austenitisch, d. h. er hat bis zur Raumtemperatur herab keine Umwandlung. Sein besonderer Vorzug besteht darin, daß Werkzeuge daraus auf Grund des hohen Verformungsvermögens nicht brechen. Andererseits kommt es durch Kaltverformung infolge der Arbeitsbeanspruchung zu einer Oberflächenverfestigung, die dem Stahl das gute Abriebvermögen verleiht. Voraussetzung dafür ist allerdings die Kaltverformung. Ohne diese, also bei reinem Reibverschleiß, wie er z. B. in Sandstrahldüsen auftritt, erbringt der Stahl fast keine Standzeit. Die Kaltverfestigung führt zum Umklappen des Austenits in Martensit. Dadurch erst ergibt sich die außerordentliche Verschleißfestigkeit. Natürlich tritt dieser Umklappvorgang auch bei der spanabhebenden Bearbeitung ein, so daß dieser Stahl nur äußerst schwer spanabhebend bearbeitbar

Tabelle 7. *Chemische Zusammensetzung von Stahlguß für Kaltarbeitswerkzeuge*

Kurzbezeichnung	Stoff-nummer	chem. Zusammensetzung (Richtwerte)								Verwendung
		% C	% Si	% Mn	% Co	% Cr	% Mo	% V	% W	
G-X120Mn12	3401	1,2	0,4	12,0	—	—	—	—	—	Arbeitsschwalbungen
G-46 Mn Si 4	1824	0,46	1,0	1,0	—	—	—	—	—	Verschleißfeste Teile
G-100 Cr 6	2067	1,0	0,3	0,3	—	1,5	—	—	—	Prägewerkzeuge
G-200 Cr Mn 8	2129	2,0	0,2	1,0	—	2,0	—	—	—	Arbeitsschwalbungen
G-90 Mn Cr 6	2132	0,9	0,3	1,5	—	1,3	—	—	—	Brechplatten
G-X165CrMoV12	2601	1,65	0,3	0,3	—	12,0	0,6	0,1	0,5	Holzfräser, Schnitte
G-X165CrCoV12	2882	1,65	0,3	0,3	3,5	12,0	—	0,2	—	Holzfräser

Tabelle 8. *Temperaturen für die Warmformgebung und Wärmebehandlung und die erreichbaren Werte der Kaltarbeitsstähle nach Tab. 4*

Kurzbezeichnung	Walzen und Schmieden °C	Weich-glühen °C	Härte nach dem Glühen in HB max.	Härten		Richtwerte für die Oberflächenhärte in HRC				
				von °C	in	nach dem Härten	nach einstündigem Anlassen bei 100°	200°	300°	400°
61 Cr Si V 5	1050–850	710–750	225	850– 880	Öl	61	61	59	56	52
45 Si Cr V 6	1050–850	710–750	225	850– 880	Öl	57	57	56	53	50
38 Si Cr V 6	1050–850	710–750	225	890– 920	Wasser	54	54	53	51	49
60 W Cr V 7	1050–850	710–750	225	870– 900	Öl	60	60	59	56	53
45 W Cr V 7	1050–850	710–750	225	890– 920	Öl	57	57	56	53	51
35 W Cr V 7	1050–850	710–750	225	890– 920	Wasser	54	54	53	51	49
50 Ni Cr 13	1050–850	610–650	250	840– 870	Öl, Luft	59	59	56	52	48
X 45 Ni Cr Mo 4	1050–850	610–650	250	840– 870	Öl, Luft	56	56	54	51	48
X 210 Cr 12	1050–850	800–840	250	930– 960	Öl	63	63	62	60	58
X 210 Cr W 12	1050–850	800–840	250	950– 980	Luft	63	63	62	60	58
X 165 Cr Mo V 12	1050–850	800–840	250	980–1020	Öl, Luft	63	63	62	60	58
90 Mn V 8	1050–850	680–720	220	760– 790	Öl	64	64	61	56	
105 W Cr 6	1050–850	710–750	230	800– 830	Öl	64	64	61	58	
145 Cr 6	1050–850	710–750	230	820– 850	Öl	64	64	62	58	
105 Mn Cr 4	1050–850	710–750	225	800– 830	Öl	64	63	61	56	
142 W V 13	1000–800	710–730	270	780– 810	Wasser	67	67	64	60	
X 130 W 5	1050–800	710–730	270	780– 820	Wasser	66	66	64	60	
140 Cr 3	1050–850	710–750	230	820– 850	Öl	64	64	62	58	
X 165 Cr Co Mo 12	1050–850	800–840	250	980–1020	Luft	63	63	62	60	
105 W Cr 6	1050–850	710–750	230	800– 830	Öl	64	64	61	58	
105 Cr 5	1050–850	710–750	230	800– 820	Öl	64	64	62	58	
115 W 8	1050–800	710–730	270	810– 830	Öl	64	64	62	60	
80 Cr V 2	1050–850	710–730	220	830– 870	Öl	64	64	61	58	
64 Si Cr 5	1050–850	710–750	225	840– 870	Öl	63	63	61	58	

ist. Erleichtern kann man sich solche Arbeiten durch ein Anwärmen der Werkstücke auf ~ 300 °C. Der beschriebene Stahl wird als Manganhartstahl bezeichnet.

k) Stahlguß für Kaltarbeitswerkzeuge. Legierte Stähle, die für Kaltarbeitswerkzeuge verwendet werden, findet man auch als Gußstücke. Die Anzahl der Stähle, die dafür in Frage kommt, ist gemessen an der Vielzahl der geschmiedeten Qualitäten zwar gering, dennoch aber haben sie beträchtliche Bedeutung. Meist werden diejenigen Werkzeuge als Gußstücke hergestellt, deren Fertigung durch spanabhebende Bearbeitung nicht nur schwierig, sondern auch zeitraubend und damit teuer ist. Nicht zu vergessen, daß die Werkstoffausnutzung beim Gußstück unter Umständen sehr gut ist. Tab. 7 gibt eine Übersicht über solche Gußqualitäten.

19. Warmformgebung und Wärmebehandlung. Die Warmformgebung und Wärmebehandlung der legierten Kaltarbeitsstähle ist, bedingt durch die Vielzahl der verwendeten Legierungskombinationen, sehr unterschiedlich, vor allem was die Härtung und die Härtemöglichkeiten anbetrifft. In Tab. 8 sind für die in Tab. 4 aufgeführten Stähle die Warmformgebungs- und Wärmebehandlungstemperaturen angegeben. Darüber hinaus enthält die Tabelle auch die Glühfestigkeiten sowie Angaben über die Anspringhärte (Härte vor dem Anlassen) und das Anlaßverhalten.

IV. Legierte Warmarbeitsstähle

20. Allgemeines. Die Warmformgebung des Eisens und der Metalle ist gekennzeichnet durch den Temperaturbereich zwischen etwa 200 und 1200 °C. Dabei sind die niedrigeren Temperaturen vor allem bei den Nichteisenmetallen, die höheren bei Eisen und Stahl üblich. In einem weiten Temperaturbereich überschneiden sich jedoch die üblichen und zweckmäßigen Verarbeitungstemperaturen. Maßgebend für die jeweilige Warmformgebungstemperatur ist neben der Höhe des Schmelzpunktes des zu verarbeitenden Werkstoffes auch dessen Kristallaufbau, wie auch eventuell vorhandene Gefügeumwandlungen und Ausscheidungsbereiche. Im Laufe der Entwicklung haben sich für die verschiedenen Werkstoffe für die jeweiligen Verarbeitungsgänge zweckmäßig einzuhaltende Temperaturbereiche ergeben.

Die Werkzeuge für die Warmformgebung sind nach Art des zu verarbeitenden Werkstoffes und je nach der gewünschten Verarbeitung unterschiedlichst beansprucht. Die Forderung nach hoher Anlaßbeständigkeit ist jedoch allgemein. Daneben ist natürlich ausreichende Warmfestigkeit und hoher Warmverschleißwiderstand notwendig. Für viele Warmformgebungsprozesse ist außerdem gute Warmzähigkeit und vor allem auch eine möglichst große Unempfindlichkeit gegen dauernde Temperaturwechsel nötig. Die Wärmeleitfähigkeit spielt in diesem Zusammenhang eine ausschlaggebende Rolle. Die mit Recht so gefürchteten Brandrisse haben ihre Ursache in unzureichender Wärmeleitfähigkeit und der Nichtbewältigung der daraus resultierenden Wärmespannungen. Besondere Schwierigkeiten bereitet oft auch die Neigung mancher Werkstoffkombinationen zum Kleben, d. h. das zu verarbeitende Material verschweißt mit dem Werkzeug. Dieser Erscheinung kann nur durch zweckvolle Vorbereitung und Pflege der Werkzeuge und Einhaltung bestimmter Betriebsbedingungen begegnet werden. Daneben sind eine ganze Reihe von Warmarbeitswerkzeugen auf Schlag beansprucht. Ein Aufstauchen der Werkzeuge ist ebenso unerwünscht wie ein Setzen derselben. Nur eine ausreichende Warmfestigkeit bei gutem Durchvergütungsvermögen verhindert derartiges.

21. Die verwendeten Legierungselemente. Durch die Forderung nach erhöhter Anlaßbeständigkeit, nach Warmfestigkeit und gutem Warmverschleißverhalten ist der Legierungsaufbau der Mehrzahl der Warmarbeitsstähle im Prinzip schon gegeben. Zusätzliche Forderungen nach z. B. erhöhter Zähigkeit und hohem Durchhärtungsvermögen bedingen weitere Legierungselemente.

Chrom, Molybdän, Wolfram und Vanadin in aufeinander abgestimmtem Verhältnis erbringen vor allem die Anlaßbeständigkeit und die gute Warmfestigkeit. Darüber hinaus ergeben sie durch Karbidbildung die oft notwendige Warmverschleißhärte. Nickel erhöht die Zähigkeit und verbessert bei den oft großen Abmessungen einiger Warmarbeitswerkzeuge das Durchvergütungsvermögen. Durch erhöhte Siliziumgehalte verbessert man die Dauerfestigkeit wechselbeanspruchter Warmarbeitswerkzeuge. Nachdem jedes der genannten Elemente neben seiner spezifischen Wirkung in Verbindung mit den übrigen weitere Vorteile ergibt, sind praktisch alle legierten Warmarbeitsstähle komplexe Stähle.

22. Erschmelzung und Lieferung. Die hoch Wolfram- und Molybdän-legierten Warmarbeitsstähle werden fast ausschließlich im Elektroofen erschmolzen. Die übrigen Stähle dieser Gruppe können auch aus dem Siemens-Martin-Ofen stammen. Die früher übliche Erschmelzung im Tiegel wurde abgelöst durch den kernlosen Induktionsofen. Ebenso wie die legierten Kaltarbeitsstähle werden die legierten Warmarbeitsstähle in die verschiedensten Formen vom Schmiedestück bis zu Draht weiterverarbeitet. Die gezogene Ausführung, die vor allem bei den unlegierten Kohlenstoff-Werkzeugstählen (Silberstahl) sehr häufig ist, ist bei den legierten Warmarbeitsstählen selten. Der spätere Verwendungszweck läßt diese Ausführungsform nur selten zu. Außer in geschmiedeter Form sind Gußstücke, dann allerdings meist in stark abweichender Zusammensetzung, für Warmarbeitswerkzeuge üblich.

Die legierten Warmarbeitsstähle kommen in der Regel weich geglüht zur Lieferung. Der auf bestimmte Festigkeiten vergütete Zustand ist jedoch nicht nur bei großen Gesenkblöcken oft der zweckmäßigere.

23. Unterteilung der legierten Warmarbeitsstähle nach Anwendungsbereichen. Neben den Stählen mit vielfachen Verwendungsmöglichkeiten, die in Tab. 9 zusammengestellt sind, gibt es noch eine ganze Anzahl von Stählen für Einzelzwecke. Stähle aus beiden Gruppen werden bei der Beschreibung der Stähle für einzelne Warmformgebungsprozesse wiederholt aufgeführt werden. Ebenso werden einige

Tabelle 9. *Legierte Warmarbeitsstähle mit vielfachen Anwendungsmöglichkeiten* (s. auch Tab. 21)

Kurzbezeichnung	Stoff-nummer	chem. Zusammensetzung (Richtwerte)								
		% C	% Si	% Mn	% Co	% Cr	% Mo	% Ni	% V	% W
X30WCrCoV93	2662	0,30	0,2	0,3	2,0	2,4	—	—	0,3	8,5
X30WCrV93	2581	0,30	0,2	0,3	—	2,6	—	—	0,4	8,5
X30WCrV53	2567	0,30	0,2	0,3	—	2,4	—	—	0,5	4,3
X30WCrV41	2564	0,30	1,0	0,4	—	1,0	—	—	0,2	4,0
35WCrV7	2541	0,35	1,0	0,3	—	1,1	—	—	0,2	2,0
45WCrV7	2542	0,45	1,0	0,3	—	1,1	—	—	0,2	2,0
45WCrV77	2547	0,45	1,0	0,3	—	1,7	—	—	0,2	2,0
X37CrMoW51	2606	0,37	1,0	0,5	—	5,3	1,5	—	0,2	1,3
45CrVMoW58	2603	0,45	0,6	0,4	—	1,5	0,5	—	0,8	0,5
X32CrMoV33	2365	0,32	0,3	0,3	—	3,0	2,8	—	0,5	—
X38CrMoV51	2343	0,38	1,0	0,4	—	5,3	1,1	—	0,4	—
X40CrMoV51	2344	0,40	1,0	0,4	—	5,3	1,4	—	1,0	—
48CrMoV67	2323	0,48	0,3	0,7	—	1,5	0,7	—	0,3	—
40CrMnMo7	2311	0,40	0,3	1,5	—	2,0	0,2	—	—	—
57NiCrMoV77	2744	0,55	0,3	0,7	—	1,0	0,8	1,7	0,1	—
56NiCrMoV7	2714	0,55	0,3	0,7	—	1,0	0,5	1,7	0,1	—
55 NiCrMoV6	2713	0,55	0,3	0,6	—	0,7	0,3	1,7	0,1	—
35NiCrMo16	2766	0,35	0,2	0,5	—	1,4	0,3	4,0	—	—

der schon unter den legierten Kaltarbeitsstählen erwähnten hier nochmals genannt werden müssen.

In Tab. 9 sind oft verwendete legierte Warmarbeitsstähle zusammengestellt. Deutlich sind drei Gruppen von Stählen zu unterscheiden. Es sind dies die Gruppen der Wolfram-Chrom-Vanadin-, der Molybdän-Chrom-Vanadin- und der Nickel-Chrom-Molybdän-Stähle. Das maßgebende Legierungselement tritt bei diesen drei Gruppen ebenso deutlich hervor wie bei der Mehrzahl der Stähle für Einzelzwecke.

24. Warmarbeitsstähle für die Verarbeitung von Werkstoffen im flüssigen oder teigigen Zustand durch Gießen. Während in der Mehrzahl der Fälle Stahl und Eisen als Formguß in Sand- oder andere keramische Formen gegossen wird, ist dies bei den Nichteisenmetallen nicht der Fall. Ein Sonderfall der Verarbeitung aber auch von Stahl und Eisen durch Gießen in Stahlformen ist das Schleudergußverfahren.

a) Beim Schleudergußverfahren wird durch die Zentrifugalkraft das zu schleudernde Medium gegen die Kokillenwand gepreßt und bildet einen rohr- bzw. ringförmigen Körper. Die Mehrzahl der gußeisernen Muffendruck- und Abflußrohre wird nach diesem Verfahren hergestellt. Darüber hinaus werden mit Ausnahme der größten alle Zylinderlaufbüchsen geschleudert. Außerdem kann man auch Seiltrommeln, Bremsringe und Bremstrommeln schleudern. Man schleudert Gußeisen-Bremstrommeln auch nach einem Halbverbundverfahren, d. h. auf ein Flußeisenblech wird Gußeisen aufgeschleudert. Die für das Schleudergußverfahren üblichen legierten Warmarbeitsstähle sind in Tab. 10 zusammengestellt. In dieser Tabelle

Tabelle 10. *Legierte Warmarbeitsstähle für Schleudergußkokillen – Chemische Zusammensetzung (Richtwerte) – Einbaufestigkeiten und Verwendungszweck*

Kurz-bezeichnung	Stoff-nummer	chem. Zusammensetzung (Richtwerte)							Einbau-festigkeit	Verwendungszweck
		% C	% Si	% Mn	% Cr	% Mo	% V	% sonst.	kp/qmm	
26CrMo7	2312	0,26	0,2	0,6	1,5	0,2	—	—	80– 90	Stahl und Eisen allgemein
21CrMo10	2313	0,21	0,3	0,7	2,5	0,3	—	—	70– 85	Stahl und Eisen allgemein
48CrMoV67	2323	0,48	0,3	0,7	1,5	0,7	0,3	—	80–100	Nichteisenmetalle
—	—	0,30	0,3	0,6	2,5	0,2	0,1	—	90–100	Nichteisenmetalle
60 Mn Si 4	2826	0,60	1,0	1,0	—	—	—	—	80– 90	große Kokillen
33AlCrMo4	2852	0,33	0,2	0,6	1,1	0,2	—	1,1 Al	80– 90	Sonderfälle

sind neben den Richtwerten der chemischen Zusammensetzung der Verwendungszweck und die Einbaufestigkeit eingetragen. Hohe Ausbringenszahlen beim Schleuderguß sind nur dann zu erwarten, wenn die Werkstoffauswahl vor allem auf die Kühlung der Kokillen Rücksicht nimmt. Kokillen, die nach dem Wassermantelverfahren arbeiten, sind viel höher durch Temperaturwechselspannungen beansprucht als solche, die im Umlaufverfahren an Luft abkühlen können. Ein frühzeitiges Nacharbeiten auf die nächstgrößere Abmessung, bei dem die gebildeten Brandrisse möglichst vollständig entfernt werden sollten, erhöht das Gesamtausbringen meist beträchtlich. Beim Herstellen der Kokillen ist die Vergütung so zu führen, daß die Härtung weitergehend über die Martensitstufe erfolgt und möglichst wenig Verzug eintritt. Das Härten über die Martensitstufe erbringt höhere Abgußzahlen bis zum Auftreten der unvermeidlichen Brandrisse, der geringe Verzug ist günstig für die Arbeit. Ein Nachrichten während der Fertigung, gleichgültig, ob dieses im kalten oder warmen Zustand erfolgt, ist für das spätere Verhalten schlecht.

b) Das Druckgußverfahren ist ein Gießverfahren, bei dem das zu verarbeitende Metall im teigigen oder auch flüssigen Zustand in eine Dauerform gepreßt wird. Die Genauigkeit, mit der die Form hergestellt wird, überträgt sich ebenso wie die Oberflächengüte. Eine etwaige Nacharbeit der Gußstücke beschränkt sich auf die Entfernung des Eingusses und der sogenannten Naht, also des in die Trennfuge der Form eingedrungenen Metalls.

Während zu Beginn der Druckgußfertigung nur Metallegierungen mit niedrigen Schmelzpunkten verarbeitet werden konnten, ist das Verfahren zwischenzeitig so vervollkommnet worden, daß heute auch Kupferlegierungen verarbeitet werden können. Diese Entwicklung ist gekennzeichnet durch zwei Maschinentypen. Einerseits die Warmkammer- und andererseits die Kaltkammer-Druckgießmaschinen (Abb. 21 u. 22 bzw. 23 u. 24). In den erstgenannten befindet sich die Druckkammmer ganz oder teilweise im geschmolzenen zu vergießenden Metall. Das Warmkammer-Druckgießverfahren kann deshalb nur für niedrig schmelzende Metalle verwendet werden. Warmkammer-Druckgießmaschinen werden auch Spritzgußmaschinen genannt. Anders beim Kaltkammer-Druckgußverfahren, das auch als Preßgußverfahren bezeichnet wird. Bei diesem wird aus einem Warmhalteofen das zu verpressende Metall in die zwar vorgewärmte, jedoch gegenüber dem Preßgut kältere Druckkammer gebracht und dann im teigigen Zustand unter hohem Druck verpreßt.

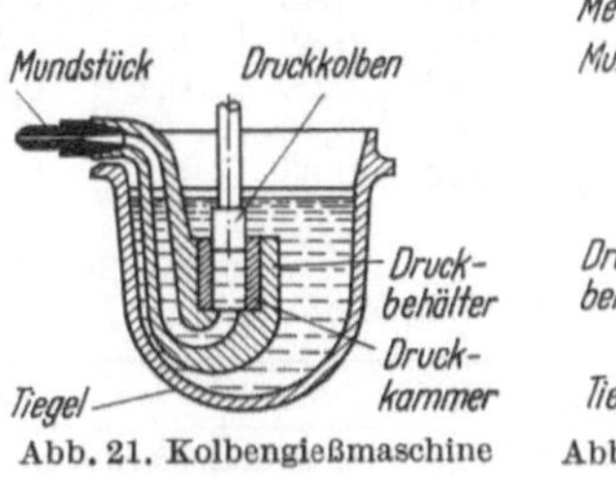

Abb. 21. Kolbengießmaschine

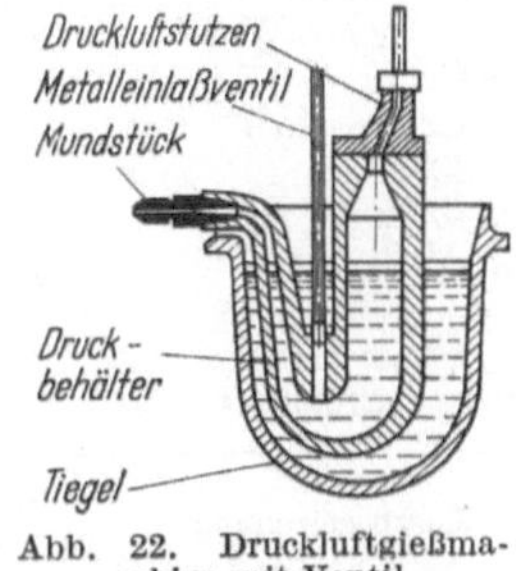

Abb. 22. Druckluftgießmaschine mit Ventil

Abb. 21 u. 22. Warmkammer-Druckgießmaschinen (nach Stahleinsatzliste 198—58)

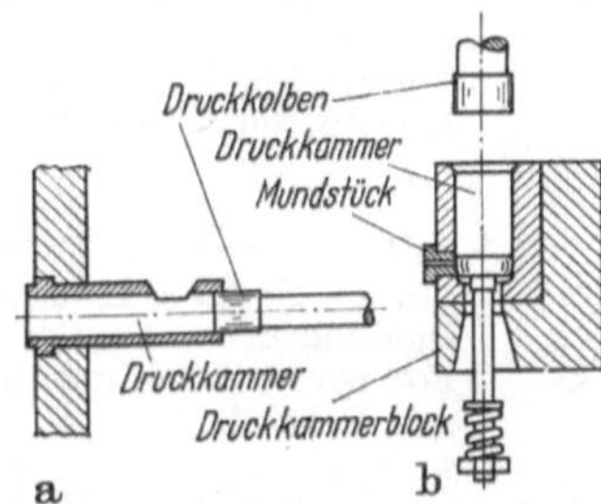

Abb. 23a u. b. Druckkammer außerhalb der Form
a) Druckkammer waagerecht, b) Druckkammer senkrecht angeordnet

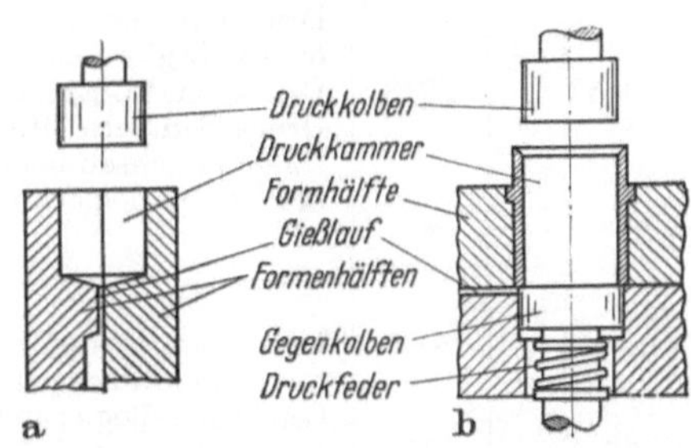

Abb. 24a u. b. Druckkammer innerhalb der Form
a) Druckkammerachse parallel, b) Druckkammerachse rechtwinklig zur Formteilung

Abb. 23 u. 24. Kaltkammer-Druckgießmaschinen (nach Stahleinsatzliste 198—58)

Während alle Kaltkammer-Maschinen mit Kolben arbeiten, gibt es bei den Warmkammertypen auch solche mit Druckluftbetrieb.

Auf Grund des Verfahrens sind zwei Gruppen von Werkzeugen zu unterscheiden. Einmal sind es die Gußformen selbst, zum anderen die Einzelteile für die Druckapparatur. Im wesentlichen sind die Anforderungen an beide Arten ähnlich. Im einzelnen werden verlangt: Brandrißunempfindlichkeit — gute Wärmeleitfähigkeit — ausreichende Warmhärte — genügende Warmzähigkeit — Beständigkeit gegen Erosion und Verschleiß — ein nicht zu hoher Wärmeausdehnungsbeiwert — beherrschbares Maßänderungsverhalten bei der Wärmebehandlung und gute Zerspanbarkeit mit guter erzielbarer Oberfläche.

Tabelle 11. *Legierte Warmarbeitsstähle für Druckgießformen und Druckgießmaschinen*

Kurzbezeichnung	Stoff-nummer	chem. Zusammensetzung (Richtwerte)							
		% C	% Si	% Mn	% Cr	% Mo	% V	% W	sonst.
X 30 W Cr Co V 9 3	2662	0,30	0,2	0,3	2,4	—	0,3	8,5	2,0 Co
X 30 W Cr V 9 3	2581	0,30	0,2	0,3	2,6	—	0,4	8,5	—
X 30 W Cr V 5 3	2567	0,30	0,2	0,3	2,4	—	0,6	4,3	—
X 32 Cr Mo V 3 3	2365	0,32	0,3	0,3	3,0	2,8	0,5	—	—
X 38 Cr Mo V 5 1	2343	0,38	1,0	0,4	5,3	1,1	0,4	—	—
X 6 Cr Mo 5	2341	0,06	0,2	0,2	4,5	0,5	—	—	—
X 37 Cr Mo W 5 1	2606	0,37	1,0	0,5	5,3	1,5	0,2	1,3	—
48 Cr Mo V 6 7	2323	0,48	0,3	0,7	1,5	0,7	0,3	—	—
40 Cr Mn Mo 7	2311	0,40	0,3	1,5	2,0	0,2	—	—	—
X 20 Cr 13	2082	0,20	0,4	0,3	13,0	—	—	—	—
X 40 Cr 13	2083	0,40	0,4	0,3	13,0	—	—	—	—
33 Al Cr Mo 4	2852	0,33	0,2	0,6	1,1	0,2	—	—	1,0 Al

Tabelle 12
Verwendungsbeispiele legierter Warmarbeitsstähle für Druckgießformen und Druckgießmaschinen

Kurzbezeichnung	Stoff-nummer	Verwendungsbeispiele	
		bei Druckgießmaschinen	bei Druckgießformen
X30WCrCoV93	2662	—	Formen für Cu-Legierungen
X30WCrV93	2581	Druckkammern bei Cu-Legierungen, Mundstücke	Formen für Cu-Legierungen, kleine Kerne für Leichtmetallformen
X30WCrV53	2567	—	Formen für Zn, Sn, Pb und Leichtmetalleg., Auswerfer
X32CrMoV33	2365	Druck- und Gegenkolben, Druckkammern, Mundstücke bei Cu-Legierungen	Formen für Cu-Legierungen, kleine Kerne für Leichtmetallformen
X38CrMoV51	2343	Druck- und Gegenkolben, Druckkammern, Mundstücke, Eingießbüchsen bei Zn, Sn und Leichtmetallegierungen	Formen für Zn, Sn, Pb, Leichtmetalleg. und Rein-Al
X6CrMo5	2341	—	kalt einzusenkende Formen für Zn, Sn, Pb, evtl. Leichtmetalllegierungen
X37CrMoW51	2606	Druckkammern, Mundstücke und Eingußbüchsen bei Leichtmetallegierungen	Formen für Leichtmetalleg. und Rein-Al
48CrMoV67	2323	Druckkolben und Gegenkolben bei Zn, Sn, Pb und Leichtmetalleg., Mundstücke bei Zn, Sn, Pb im Warmkammerverfahren	Formen für Zn, Sn, Pb-leg.
40CrMnMo7	2311	—	Formrahmen
X20Cr13	2082	—	Formen für Reinst-Al
X40Cr13	2083	Druckkolben und Druckkammern beim Kaltkammerverfahren	—

Abb. 25 zeigt den Aufbau einer Druckgießform. Aus dieser Skizze sind auch die Fachausdrücke, die in den folgenden Tabellen benützt werden, zu entnehmen.

Tab. 11 gibt eine Zusammenstellung von bewährten Werkstoffen für Druckgießformen und Teile von Druckgießmaschinen. Tab. 12 enthält Verwendungsbeispiele der in Tab. 11 genannten Stähle.

Gerade beim Druckguß können durch unterschiedliche Gießbedingungen erhebliche Bewährungsunterschiede der einzelnen Werkstoffe entstehen. Die Entwicklung der Stähle für Druckgußformen zum Vergießen von Messing ist heute noch keineswegs abgeschlossen. Eine enge Zusammenarbeit zwischen Druckgießern und den Herstellern der Stähle verspricht in jedem Fall die besten Ergebnisse und ist die Gewähr für eine zügige Weiterentwicklung.

c) Glasformenstähle. Eine besondere Gruppe von Warmarbeitswerkzeugstählen sind diejenigen für Glasformen. Sie sind gekennzeichnet durch einen hohen Chromgehalt, der sie in die Gruppe der nichtrostenden bzw. zunderbeständigen Stähle verweist. Der Chromgehalt von wenigstens 13% ist notwendig, damit bei Betriebstemperatur keine oder nur geringfügige Oxydation der Werkzeugoberflächen entsteht. Dabei ist ausschlaggebend, daß der sich bildende Zunder fest am Werkzeug haften bleibt und sich nicht ablöst. Ein Verfärben bzw. Unansehnlichwerden des hergestellten Preßgutes wäre die Folge einer sich ablösenden Oxydschicht.

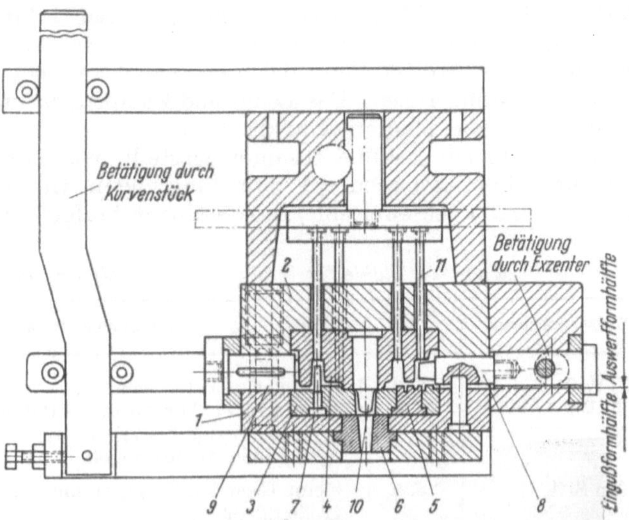

Abb. 25. Skizze einer Druckgießform (Auszug aus Blatt F 101 — Druckgießformen, Elemente und Bezeichnungen — des Fachausschusses Druckguß) *1* Formrahmen (Eingußseite); *2* Formrahmen (Auswerfseite); *3* Formplatte (Eingußseite); *4* Formplatte (Auswerfseite); *5* Formeinsatz; *6* Eingießbüchse; *7* fester Kern; *8* beweglicher Kern; *9* Seitenschieber; *10* Verteilerzapfen; *11* Auswerfer

Tab. 13 gibt eine Anzahl gebräuchlicher Stähle für die Glasverarbeitung. Sie enthält neben den zuletzt genannten beiden ferritisch-perlitischen Stählen den ferritisch-austenitischen Stahl X 20 Cr Ni Si 25 4. Die übrigen Stähle sind austenitisch.

Tabelle 13. *Stähle für die Glasverarbeitung*

Kurzbezeichnung	Stoff-nummer	chem. Zusammensetzung (Richtwerte)				
		% C	% Si	% Mn	% Cr	% Ni
X 12 Ni Cr Si 36 16	2786	0,12	1,8	< 2,0	16,0	36,0
X 15 Cr Ni Si 25 20	2782	0,15	2,0	< 2,0	25,0	20,0
X 15 Cr Ni Si 20 12	2780	0,15	2,0	< 2,0	20,0	12,0
X 20 Cr Ni Si 25 4	2789	0,20	1,0	< 2,0	25,0	4,0
X 22 Cr Ni 17	2787	0,22	1,0	< 1,0	17,0	1,8
X 20 Cr 13	2083	0,20	0,4	0,3	13,0	—

Maßgebend für die Wahl des wirtschaftlichsten Stahles ist vor allem die verlangte Standzeit sowie die Möglichkeit der nicht zu teuren Herstellung der Form. Die austenitischen Stähle machen bei der spanabhebenden Bearbeitung erfahrungsgemäß oft erhebliche Schwierigkeiten. Manchmal stört auch der gegenüber den ferritischen um ~ $^1/_3$ größere Wärmeausdehnungsbeiwert.

Eine Wärmebehandlung der Glasverarbeitungsstähle beim Verbraucher ist meist nicht nötig. Der Lieferzustand ist derselbe wie der bei der Verwendung. In neuester Zeit haben sich für Glasformen in besonderen Fällen auch Legierungen mit 70% Ni, Rest Chrom, eingeführt. Mit diesen Legierungen können weitere Standzeitverbesserungen erzielt werden.

25. Warmarbeitsstähle für Verformung durch Schmieden und Pressen. Das Gebiet der Warmformgebung durch Schmieden und Pressen ist sehr vielgestaltig. Es umfaßt neben dem Freiformschmieden das Gesenkschmieden, das Schmieden auf Schmiedemaschinen, aber auch das Formteilpressen, das Warmstauchen, z. B. von Schrauben und Muttern und das zunehmend an Bedeutung gewinnende Metallstrang- und -rohrpressen. Das Loch- und Ziehpressen im warmen Zustand wie das Warmfließpressen gehören ebenfalls dazu.

In Tab. 14 sind Stähle zusammengestellt, wie sie für Werkzeuge zum Freiform- und Gesenkschmieden Verwendung finden. In dieser Tabelle sind ihrer Bedeutung wegen auch zwei unlegierte Stähle mitaufgeführt.

Tabelle 14. *Stähle für Werkzeuge zum Freiform- und Gesenkschmieden*

Kurzbezeichnung	Stoff-nummer	Verwendungszweck	Einbaufestigkeit kp/mm²
C 70 W 2	1620	Hammer- und Pressensättel	~ 70
C 85 W 2	1630	a) bei kleinen Abmessungen Bahnhärtung	
		b) Ganzhärtung bei mittleren und großen Abmessungen	80–100
60 Mn Si 4	2826	kleine Gesenke, Schlagsäume	~ 170
		große Sättel	80–100
		mittlere Gesenke	80–100
40 Cr Mn Mo 7	2311	mittlere Gesenke	100–135
55 Ni Cr Mo V 6	2713	Gesenke allgemein	100–150
56 Ni Cr Mo V 7	2714	Gesenke allgemein	100–180
57 Ni Cr Mo V 77	2744	Gesenke allgemein	100–180
X 32 Cr Mo V 3 3	2365	Gesenkeinsätze und Gesenke bei flachen Gravuren bei Luftkühlung	155–170
X 30 W Cr V 5 3	2567		145–160
X 30 W Cr V 9 3	2581		
X 37 Cr Mo W 5 1	2606		
X 38 Cr Mo V 5 1	2343	Gesenkeinsätze und Gesenke bei flachen Gravuren bei Wasserkühlung	155–170
X 32 Cr Mo V 3 3	2365		145–160
X 30 W Cr V 4 1	2564		
45 Cr V Mo W 5 8	2603		
85 Cr 7	2064	Hammerkerne	100–140
X 210 Cr 12	2080	Breitsäume	61–63 RC
G-25 Ni 4	2723	Hammerbären	~ 80
GS-C 75	—	Ambosse (bahngehärtet)	—

a) Die Werkzeuge für das Freiformschmieden, also die Sättel, die Hammerbären und Hammerkerne, sind oft sehr stark beansprucht. Besondere Schwierigkeiten entstehen meist jedoch nicht. Wichtig ist nur, daß das richtige Verhältnis zwischen der Werkzeuggröße und der gewählten Festigkeit eingehalten wird. Je größer das Werkzeug, desto niedriger die zu wählende Festigkeit. Schon mit Rücksicht auf eine nach Verschleiß durchzuführende Auftragschweißung sollten vor allem Profilsättel nicht zu hart gewählt werden.

Hohe Anforderungen werden an Breitsäume gestellt, die bei der Herstellung von Sensen und Sicheln gebraucht werden. Diese Werkzeuge werden nur unbedeutend durch die Temperatur der Schmiedestücke, um so mehr aber auf Schlag bzw. Druck beansprucht. Der dafür gebräuchliche Stahl X 210 Cr 12 stammt deshalb auch aus der Gruppe der Kaltarbeitsstähle.

Für Schmiedesättel sind zwei Härtemethoden üblich. Kleinere Abmessungen werden nur „bahngehärtet", d. h. es wird wie bei Ambossen nur die Arbeitsfläche gehärtet. Da dafür Schalenhärter verwendet werden, erhält man nach einer harten Arbeitsfläche einen zähen Kern, der ein Zersplittern des Werkzeugs verhindert. Ganzhärtung ist bei größeren Sätteln angebracht. Dabei bleibt der Kern wegen des geringen Durchhärtungsvermögens der verwendeten Stähle immer noch zäh.

b) Gesenkschmieden. Die Gesenkstähle müssen neben entsprechender Warmfestigkeit und Anlaßbeständigkeit eine gute Zähigkeit aufweisen. Die Formbeständigkeit muß möglichst groß sein; es darf weder zu einer plastischen Verformung, noch zu einem vorzeitigen Verschleiß kommen. Die Wahl des zweckentsprechenden Werkstoffes hängt von der Gesenkgröße und der Gravurtiefe ab. Außerdem muß berücksichtigt werden, ob bzw. welche Warmbehandlungsmöglichkeiten zur Verfügung stehen. Die Bearbeitung hochvergüteter Gesenke erfordert nicht nur zweckentsprechende Werkzeugmaschinen, sondern auch einige Erfahrung in der Bearbeitung solcher Werkzeuge. Das Nachsetzen verbrauchter, vor allem kleiner schwierig geformter Gesenke durch Elektroerosion erleichtert heute vielfach diese schwierige Arbeit. Die Festigkeit eines Gesenkes im Einbauzustand muß entsprechend dem Formänderungswiderstand des zu verarbeitenden Werkstoffes gewählt werden. Dieser ist vor allem von der Werkstoffart und der Verarbeitungstemperatur abhängig. Außerdem ist aber auch die Verformungsgeschwindigkeit noch von Einfluß. Auch das Verhältnis Volumen zu Oberfläche der Werkstücke beeinflußt den Formänderungswiderstand. Gesenke mit flachen Gravuren, aber auch solche mit verwickelten Formen müssen in der Festigkeit höher gewählt werden als die übrigen. Ein Unterschied zwischen den Gesenkstahlqualitäten, die für die Verarbeitung von Stahl und Eisen verwendet werden, und denen für Nichteisenmetalle besteht grundsätzlich nicht.

Vor Arbeitsbeginn sollen Hammersättel und müssen Gesenke durchgreifend vorgewärmt werden. Ein Nachwärmen in Arbeitspausen verhindert Gesenkbrüche und trägt zur Maßgenauigkeit der Schmiedestücke bei.

In Tab. 14 finden wir eine ganze Reihe von hochlegierten Warmarbeitsstählen, die für Gesenkeinsätze verwendet werden. Dabei wird unterschieden nach der Kühlart (Wasser bzw. Luft). Diese Unterscheidung ist auf alle Fälle zu beachten, wenn Brüche und vorzeitiges Brandrissigwerden vermieden werden sollen.

c) Dieselben Stähle wie für Gesenkeinsätze sind auch für die Werkzeuge in Schmiedemaschinen üblich. Daneben finden sich dort aber auch mit Stelliten gepanzerte Warmarbeitsstähle. Die Beanspruchungen sind bei Schmiedemaschinen oft so hoch, daß selbst die höchstlegierten Warmarbeitsstähle diesen nicht gewachsen sind. Verursacht ist diese Beanspruchung durch die große angewandte Verformungsgeschwindigkeit, die sogar zu einer Temperatursteigerung im Werkstück führen kann und die Schwierigkeit bzw. Unzulässigkeit einer Kühlung.

In einzelnen Fällen werden Schmiedewerkzeuge durch Innenkühlung vor Übererwärmung geschützt. Solche Werkzeuge sind besonders überwachungsbedürftig, um Spannungsrisse auszuschließen.

d) Die Herstellung von Schrauben, Bolzen und Nieten durch Warmformgebung kann nach verschiedenen Verfahren geschehen. Einerseits auf Hämmermaschinen, andererseits auf Pressen, und zwar auf Spindel- oder Backenpressen. Warmgeformte Muttern werden entweder in Einzel- oder Folgewerkzeugen gepreßt. Die dafür verwendeten Stähle sind dieselben wie sie für Gesenkeinsätze in Tab. 14 aufgeführt sind.

e) Eines der interessantesten, aber nicht nur von der Werkzeugseite aus schwierigsten Warmformgebungsverfahren ist das Metallstrang- und -rohrpressen.

Nach diesem Verfahren wird der überwiegende Teil an Stangen, Profilen und Rohren aus Nichteisenmetallen heute hergestellt. Zunehmend dehnt sich dieses Verfahren jedoch auch auf Stahllegierungen, vor allem die nichtrostenden und hochwarmfesten aus. Das Glasschmierverfahren nach SEJOURNET hat diese Entwicklung maßgeblich gefördert. Die Werkzeuge dafür sind mit die höchstbeanspruchten Warmarbeitswerkzeuge überhaupt. Die Stahlauswahl für die einzelnen Werkzeuge muß sich nach den zu verpressenden Werkstoffen richten, ist aber auch von der Konstruktion der Presse, dem Kühlverfahren und natürlich auch von der Preßfolge

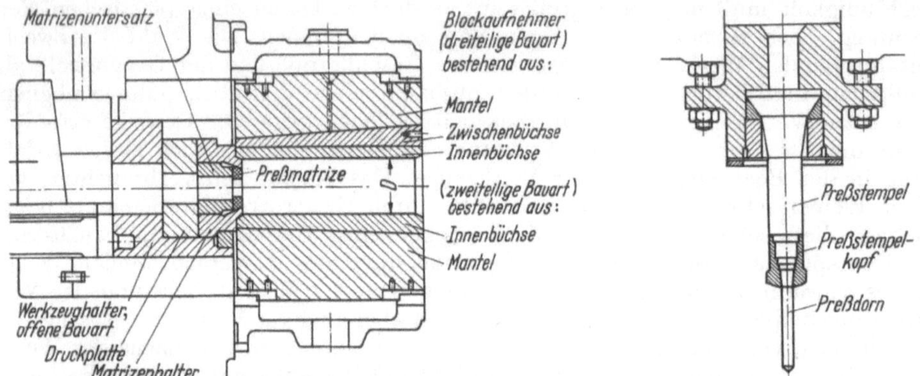

Abb. 26. Aufbau einer liegenden Metallstrangpresse (nach Stahleinsatzliste 195—59)

Abb. 27. Aufbau eines Rohrpreßstempels (nach Stahleinsatzliste 195—59)

abhängig. Gerade die Werkzeuge, die mit dem Preßgut in unmittelbare Berührung kommen, wie Preßmatrize, Preßscheibe und Innenbüchse, sind besonders hoch beansprucht. Abb. 26 zeigt den Aufbau einer liegenden Metallstrangpresse, Abb. 27 den eines Rohrpreßstempels. Bedingt durch die hohen auftretenden Drücke und die, um unzulässige Abkühlung des Preßgutes zu vermeiden, notwendige Betriebstemperatur, sind auch die übrigen Werkzeugteile erheblich beansprucht.

Eine Zusammenstellung der in Strangpressen verwendeten Stähle wäre eine Wiederholung der schon in Tab. 9, S. 29 (Legierte Warmarbeitsstähle mit vielfachen Anwendungsmöglichkeiten) enthaltenen Stähle. Außer den dort aufgeführten sollen nur 4 Stähle genannt werden. Sie sind in Tab. 15 enthalten.

In Tab. 16 sind die für die Hauptbauteile von Metallstrang- und -rohrpressen üblicherweise verwendeten Stähle zusammengestellt. Diese Tabelle enthält auch Angaben über bewährte Einbaufestigkeiten, die jedoch nur als Richtwerte gelten können, da von Presse zu Presse nicht übertragbare Unterschiede gang und gäbe sind.

f) Ähnliche Beanspruchungsbedingungen wie bei den Metallstrang- und Rohrpressen treten auch bei der H e r s t e l l u n g v o n H o h l k ö r p e r n im warmen Zustand

Tabelle 15. *Stähle für Einzelzwecke in Metallstrangpressen*

Kurzbezeichnung	Stoffnummer	chem. Zusammensetzung (Richtwerte)								
		% C	% Si	% Mn	% Co	% Cr	% Mo	% Ni	% V	% W
45 Cr Ni 6	2710	0,45	0,3	0,7	—	1,4	—	1,3	—	—
X 50 NiCrWV 13 13	2731	0,50	1,3	0,7	—	13,0	—	13,0	0,5	2,5
X 45 Ni Cr Mo 4	2767	0,45	0,2	0,5	—	1,3	0,2	4,0	—	—
G-X 170 CoCrW 33 25	9850	1,7	2,5	0,5	33,0	25,0	—	—	—	—

Tabelle 16. *Stähle für Werkzeuge in Metallrohr- und Strangpressen*

Werkzeugart	Preßgut Beanspruchung	Stahlsorte	Einbaufestigkeit kp/mm²
Preßstempel	Leichtmetall (normal)	56NiCrMoV7	150–180
	Leichtmetall (hochbeansprucht)	X45NiCrMo4	150–180
		X 38 CrMoV 5 1	150–180
	Schwermetall (normal)	45CrVMoW58	150–180
	Schwermetall (hochbeansprucht)	X30WCrV53	150–170
Preßstempelköpfe	Zink usw.	45 CrVMoW58	140–160
	Leichtmetalle	X32CrMoV33	140–160
	Schwermetalle	X30WCrV53	140–160
	Schwermetalle (hochbeansprucht)	X30WCrV 9 3 X30WCrCoV93	140–170
Preßscheiben	Zink usw.	40CrMnMo7	130–150
	Leichtmetall (normal)	45CrVMoW58	140–160
	Leichtmetall (hochbeansprucht)	45 WCrV7	140–160
		X 38 CrMoV 5 1	140–160
	Schwermetall (normale Beanspruchung)	45CrVMoW58	130–150
	Schwermetall (normale Beanspruchung bei Wasserkühlung)	X 30 WCrV41	130–150
	Schwermetall (hohe Beanspruchung bei Wasserkühlung)	X32CrMoV33	140–160
	Schwermetall (hohe Beanspruchung bei Ölkühlung)	X30WCrV53	140–160
	Schwermetall (höchste Beanspruchung)	X 30WCrV93	140–160
Preßdorne über ∅ 40	Zink usw.	48CrMoV67	130–150
kleine	Zink hochbeansprucht	X30WCrV53	150–170
über ∅ 50	Leichtmetall	45WCrV77	150–170
		48 CrMoV 6 7	150–170
< ∅ 50	Leichtmetall	X 38 CrMoV 5 1	150–170
		X32CrMoV33	150–170
< ∅ 50	Leichtmetall (hochbeansprucht)	X30WCrV53	155–170
Innenbüchsen	für hohe Wärmebeanspruchung	X30WCrV53	130–150
		X32CrMoV33	130–150
		X38CrMoV51	130–150
		45CrVMoW58	130–150
	für niedrige Wärmebeanspruchung	48CrMoV67	130–150
Zwischenbüchsen	für hohe Beanspruchung	48CrMoV67	100–120
	für normale Beanspruchung	40CrMnMo7	100–120
Mäntel	für Arbeitstemperaturen über 500 °C	X38CrMoV51	105–120
	für hohe Wärmebeanspruchung	48CrMoV67	100–115
	für beheizte Blockaufnehmer	40CrMnMo7	90–105
Preßmatrizen	Zink- und Bleilegierungen		
	für Stangen und Rohre	61CrSiV5	140–160
	für Profile	45WCrV77	140–160
	Leichtmetalle		
	für übliche Beanspruchung	45CrVMoW58	140–160
		X38CrMoV51	140–160
	für hohe Beanspruchung	X32CrMoV33	130–150
		X30WCrV53	140–160
Preßmatrizen	Schwermetalle		
	für übliche Beanspruchung	X32CrMoV33	140–160
		X30WCrV53	140–160

Tabelle 16 (Fortsetzung)

Werkzeugart	Preßgut Beanspruchung	Stahlsorte	Einbaufestigkeit kp/mm²
Preß-matrizen	für hohe Beanspruchung	X30WCrV93	140–160
	für höchste Beanspruchung	X30WCrCoV93	140–160
	für Rohre und Drähte	X50NiCrWV1313	320–375 HB (kaltverformter Austenit)
Matrizen-untersätze	allgemein verwendbar	48CrMoV67	110–130
		45WCrV77	110–130
	für hohe mechan. Beanspruchung	X45NiCrMo4	120–150
	für hohe mechan. u. Wärmebeanspr.	56NiCrMoV7	120–150
Matrizen-halter	allgemein verwendbar	40 CrMnMo 7	110–130
	für hohe mechan. Beanspruchung	56NiCrMoV7	130–150
	für hohe therm. Beanspruchung	48CrMoV67	120–140
	für hohe mechan. u. Wärmebeanspr.	X30WCrV53	110–130
Druck-platten	allgemein verwendbar	40CrMnMo7	110–130
	für höhere Beanspruchung	55 NiCrMoV 6	120–150
		56 NiCrMoV7	120–150
Werkzeug-halter	allgemein verwendbar	45 CrNi 6	100–120
		55 NiCrMoV 6	100–120

auf. Die Abb. 28 und 29 zeigen den grundsätzlichen Aufbau einer Loch- bzw. Ziehpresse. Auf diesen Pressen werden einseitig offene Werkstücke wie Stahlflaschen, Behälter usw. hergestellt. Die heute üblichen hohen Leistungszahlen bei der Herstellung solcher Werkstücke sind zum allergrößten Teil auf die zweckentsprechenden Werkzeugqualitäten zurückzuführen. Die Pressenkonstruktion hat dazu nur wenig beigetragen. Die Hauptbeanspruchung bei den Werkzeugen, die mit dem Preß- bzw. Ziehgut direkt in Berührung kommen, ist der dauernde rasche Temperaturwechsel, der

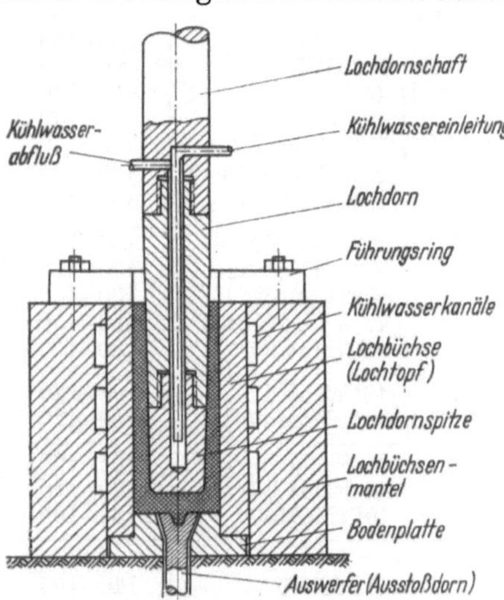

Abb. 28. Grundsätzlicher Aufbau einer Lochpresse

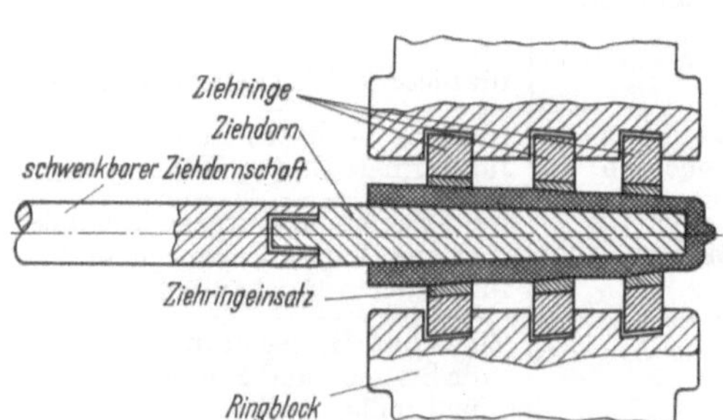

Abb. 29. Grundsätzlicher Aufbau einer Ziehpresse

meist im Bereich zwischen etwa 200 und 600 °C schwankt. Daneben ist die Verschleißbeanspruchung vor allem der Lochdornspitzen bzw. Ziehringeinsätze zu nennen.

In Tab. 17 sind bewährte Stähle für diese Verwendungszwecke mit den üblichen Einbaufestigkeiten zusammengestellt.

g) Die für das Warmfließpressen zu verwendenden Werkzeuge ähneln in vielem denen der Strang- bzw. Rohrpressen. Die Beanspruchungen sind weit-

Tabelle 17. *Stähle für Loch- und Ziehpreßwerkzeuge*

Kurzbezeichnung	Stoff-nummer	Verwendungszweck	Einbaufestigkeit kp/mm² bzw. RC
X 32 CrMoV 3 3	2365	Lochbüchsen, Ziehdorne	100–120 kp/mm²
		Auswerfer, Lochdornspitzen	110–130 kp/mm²
		Bodenplatten	120–140 kp/mm²
X 38 Cr Mo V 5 1	2343	Lochdorne und Lochdornspitzen	110–130 kp/mm²
		Ziehdorne	100–120 kp/mm²
45 W Cr V 7	2542	Lochdornschäfte }	90–110 kp/mm²
55 Ni Cr Mo V 6	2713	Lochdornschäfte }	
		Führungsringe	120–140 kp/mm²
X 210 Cr 12	2080	Ziehringe	55–57 RC
Stellite	—	Ziehringeinsätze	

gehend gleich oder zumindest sehr ähnlich. Dementsprechend sind bei diesem Verfahren die gleichen Warmarbeitsstähle wie dort angebracht.

26. Warmarbeitsstähle für Verformung durch Walzen. Erst mit der Möglichkeit, vor allem Eisen und Stahl im warmen Zustand zu Stäben, Profilen, Bändern und Blechen walzen zu können, war der heutige Stand unserer Industrialisierung zu erreichen. Mit keinem anderen Verfahren wären die heute benötigten Mengen an diesen Produkten, von den Kosten ganz abgesehen, überhaupt herzustellen.

Für die Warmwalzen zum Walzen der Metalle sind einerseits Stähle, aber auch Gußeisen und Hartguß in Verwendung. Eine grundsätzliche Trennung nach Anwendungsgebieten für die genannten Walzenwerkstoffe ist zwar möglich, doch sind Ausnahmen und Überschneidungen häufig. Maßgebend für die Wahl, ob Stahl- oder Gußwalzen zu wählen sind, ist die Beanspruchung. Überall da, wo Schläge oder Stöße während des Walzvorganges auftreten, ist den Stahl-, vor allem den geschmiedeten Stahlwalzen der Vorzug zu geben. Aus diesem Grund sind Blockwalzen immer geschmiedet. Auch da, wo große Drehmomente übertragen werden müssen, sind Stahlwalzen angebracht.

Neben dem Abriebverschleiß, der vor allem bei Kaliberwalzen mit tiefen Einschnitten auftritt, und zur Unmaßlichkeit der gewalzten Profile führt, sind Brandrisse der häufigste Ausfallgrund.

a) Tab. 18 gibt eine Zusammenstellung von Stählen für Warmwalzen zum Walzen von Eisen und Stahl. Die zu wählende Festigkeit ist mehr abhängig von der Art der Walzen als von deren Größe. Grundsätzlich wären bedeutend bessere Standzeiten mit höher legierten Stählen zu erreichen, doch stehen deren Verwendung die Kosten für solche Walzen entgegen.

b) Warmwalzen für die Nichteisenmetalle sind zum Unterschied von denen für Eisen und Stahl aus echten Warmarbeitsstählen. Der Grund dafür liegt

Tabelle 18. *Stähle für Warmwalzen zum Walzen von Eisen und Stahl*

Kurz-bezeichnung	Stoff-nummer	chem. Zusammensetzung (Richtwerte)						Einbau-festigkeit kp/mm²
		% C	% Si	% Mn	Cr %	% Mo	% Ni	
C 60	0601	0,60	0,4	0,7	—	—	—	70–80
C 67	0603	0,67	0,4	0,7	—	—	—	75–85
C 75	0605	0,75	0,4	0,7	—	—	—	85–95
—	—	0,67	0,3	0,7	0,3	0,2	0,3	80–90
—	—	0,65	0,3	0,7	0,5	0,3	0,5	80–90
85 Cr 7	2064	0,85	0,2	0,3	1,8	—	—	100–120

Tabelle 19. *Stähle für Warmwalzen zum Walzen von Nichteisenmetallen*

Kurzbezeichnung	Stoff-nummer	chem. Zusammensetzung (Richtwerte)							Verwendungsgebiet Walzen für	Einbaufestigkeit bzw. Härte
		% C	% Si	% Mn	% Cr	% Mo	% Ni	% V		
62 Cr Mo V 6	2334	0,62	0,3	0,5	1,4	0,3	—	0,1	Aluminium und -legierungen	65– 70 °Sh. D
65 Cr Mo V 6	2335	0,65	0,3	0,5	1,5	0,3	—	0,1	Aluminium und -legierungen	70– 75 °Sh. D
48 Cr Mo V 6 7	2323	0,45	0,3	0,7	1,5	0,7	—	0,3	Kupfer- und -legierungen	130–150 kp/mm²
X 38 Cr Mo V 5 1	2343	0,38	1,0	0,4	5,3	1,1	—	0,3	hochschmelzende Metalle und Legierungen wie W, Mo usw.	
X 32 Cr Mo V 3 3	2365	0,32	0,3	0,3	3,0	2,8	—	0,5		120–180 kp/mm²

in der meist nicht vergleichbaren Kühlmöglichkeit. Tab. 19 enthält eine Anzahl von Stählen für Warmwalzen zum Walzen von Nichteisenmetallen.

c) Eine von den übrigen gänzlich verschiedene Gruppe bilden die Warmwalzen für die Herstellung von Rohren. Die Walzen für das Pilgerverfahren unterscheiden sich schon formmäßig von den übrigen Walzen. Wegen ihrer Form werden sie meist gegossen. Die Herstellung in geschmiedeter Ausführung wäre zu kompliziert und daher zu teuer. Als Werkstoff dafür kommen eigentlich nur Chrom- Wolfram-legierte Stähle mit etwa 0,8% C bei rund 2,0% Cr und 1,3% W in Frage (G-80 Cr W 8 bzw. G-90 Cr W 8). Daneben sind auch Molybdän-legierte Stähle in Verwendung. In Schrägwalzwerken sind die Beanspruchungen der Walzen meist geringer. Übliche Warmwalzenqualitäten sind deshalb meist ausreichend.

d) Außer den Walzen werden für das Pilgerverfahren Dorne, die sogenannten „Pilgerdorne", beim Schrägwalzverfahren „Lochdorne", benötigt. Tab. 20 gibt eine Zusammenstellung dieser Warmarbeitswerkzeuge. Pilgerdorne kleineren Durchmessers kommen an die Rohrwalzwerke in der Regel im geglühten Zustand zur Lieferung. Sie werden dort einer Art „Luftvergütung" unterzogen. Diese durchgeführte Wärmebehandlung besteht aus einem Ablegen der über Ac_3 erwärmten Dorne an Luft. Auch nach dem Anstauchen und Friemeln, was zum Wieder-maßhaltig-machen geschieht, werden die Dorne aus der Verformungswärme an Luft abgelegt. Größere Dorne, vor allem solche aus 44 Mn Si V 4 und 46 Mn Si 4 werden regelrecht vergütet auf Festigkeiten um 80 kp/mm². Die in Tab. 20 angegebenen Werkstoffe werden bezüglich der Abmessungsbereiche von Rohrwalzwerk zu Rohrwalzwerk meist unterschiedlich eingesetzt. Die Entwicklung führt zweifellos mehr und mehr zur Verwendung auch der höher legierten Typen für große Dornabmessungen.

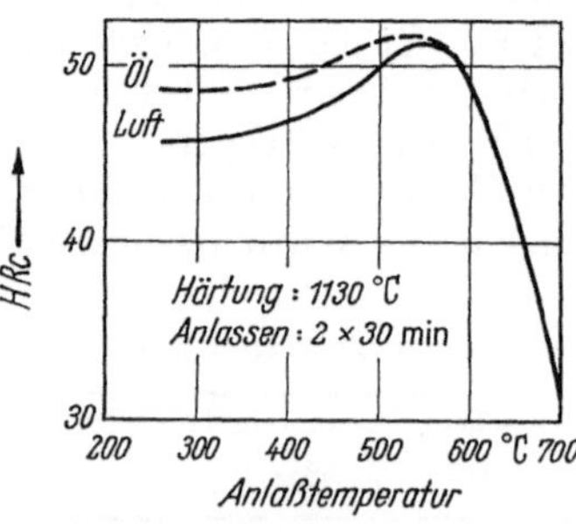

Abb. 30 Anlaßkurve des Stahles X 30 W Cr V 9 3

27. Warmformgebung und Wärmebehandlung. Die Warmformgebung und Wärmebehandlung der legierten Warmarbeitsstähle unterscheiden sich der Sache nach nicht von denen der übrigen legierten Stähle. Wesentlich anders sind jedoch die Härtetemperaturen. Die Warmformgebung erfolgt unter den üblichen Voraussetzungen einer ein-

Tabelle 20. *Stähle für Pilger- und Lochdorne*

Kurzbezeichnung	Stoff-nummer	chem. Zusammensetzung (Richtwerte)							für Dorn ø (Anhaltswerte)
		% C	% Si	% Mn	% Cr	% Mo	% Ni	% V	
28 Ni Mo 17	2747	0,28	0,3	0,3	0,4	1,2	4,5	0,2	< 60 mm
28 Ni Cr Mo V 10	2740	0,28	0,4	0,3	0,7	0,6	2,5	0,3	bis ~ 80 mm
26 Ni Cr Mo V 5	2726	0,26	0,4	0,3	0,7	0,3	1,5	0,2	bis ~ 120 mm
28 Ni Cr V 5	2737	0,28	0,4	0,3	0,7	—	1,2	0,2	bis ~ 180 mm
44 Mn Si V 4	2827	0,44	1,0	1,0	—	—	—	0,1	bis ~ 250 mm
46 Mn Si 4	5121	0,45	0,8	1,1	—	—	—	—	> 250 mm

wandfreien An- und Durchwärmung ohne besondere Schwierigkeiten. Der zur Verformung nötige Kraftaufwand ist, bedingt durch den Legierungsgehalt und die Legierungskombination, natürlich bei den höher legierten Typen erheblich größer als bei sonstigen, vor allem den unlegierten Stählen.

Die erste Verformung der Gußblöcke muß vorsichtig erfolgen. Das Ledeburitnetzwerk der hochlegierten Stähle dieser Reihe muß zuerst zertrümmert werden, bevor eine wesentliche Weiterverformung erfolgen darf. Ein der Warmformgebung vorgeschaltetes Diffusionsglühen erbringt oft nicht den erwarteten Erfolg. Die Schmelzführung und vor allem die Abgußbedingungen müssen so gewählt werden,

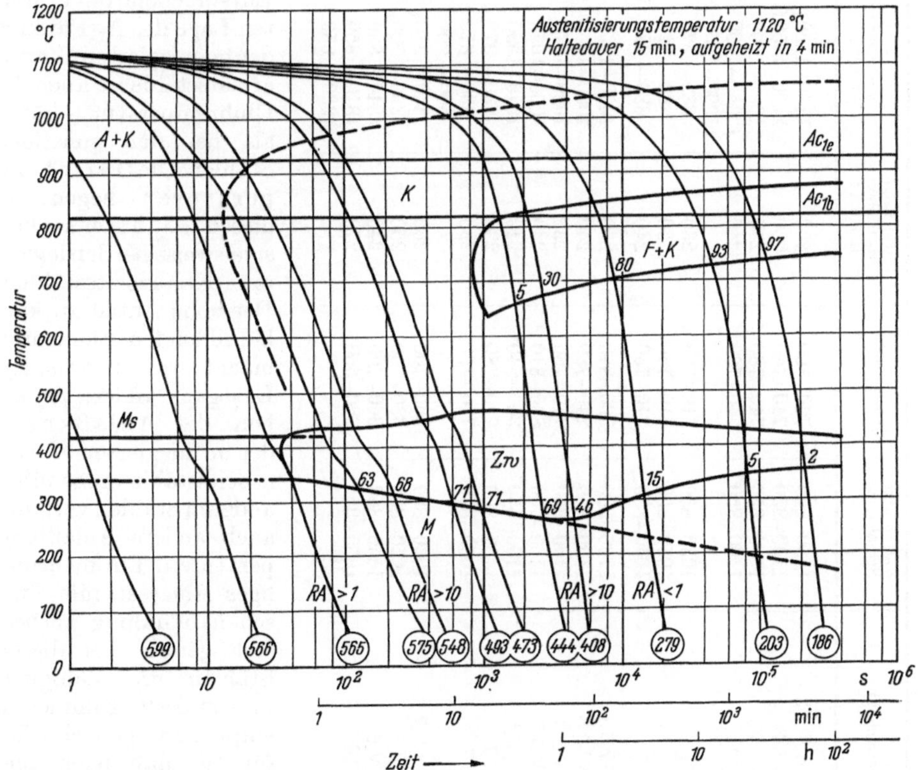

Abb. 31. Zeit-Temperatur-Umwandlungs-Schaubild (kontinuierlich) des Stahles X 30 W Cr V 9 3 (nach Atlas zur Wärmebehandlung der Stähle)
A + *K* Bereich des Austenits und Karbids; *Zw* Bereich der Zwischenstufen-Gefügebildung; *K* Bereich der Karbidbildung; *F* + *K* Bereich der Bildung eines nichtlamellaren Eutektoides; O Härtewerte in HV; *M* Bereich der Martensitbildung. Bestimmungsverfahren: Dilatometrisch und metallographisch an Proben von 4,5 mm Dmr. und 15 mm Länge. Thermische Analyse (Gasabschreckung) an Plättchen von 4 mm Dmr. und 0,5 bzw. 1,0 mm Dicke

Tabelle 21. *Temperaturen für die Warmformgebung und Wärmebehandlung der legierten Warmarbeitsstähle nach Tab. 9*

Kurzbezeichnung	Walzen und Schmieden °C	Weichglühen °C	Härte nach dem Glühen in HB max.	Härten		üblicher Anlaßtemp.-Bereich °C
				von °C	in	
X 30 W Cr Co V 9 3	1100–850	760–800	250	1130–1180	Öl, Gebläsewind	550–700
X 30 W Cr V 9 3	1100–850	740–780	250	1100–1150	Warmbad 450–550°	
X 30 W Cr V 5 3	1100–850	740–780	240	1050–1100	Öl, Warmbad 450–550°	550–700
X 30 W Cr V 41	1100–850	740–780	240	960–1000	Wasser	450–650
				1000–1050	Öl	500–650
35 W Cr V 7	1050–850	710–750	230	880– 920	Wasser	450–650
45 W Cr V 7	1050–850	710–750	230	880– 920	Öl	450–650
45 W Cr V 7 7	1050–850	710–750	240	880– 920	Öl	450–650
X 37 Cr Mo W 5 1	1100–900	800–840	250	1000–1050	Luft, Öl	400–650
45 Cr V Mo W 5 8	1100–850	740–780	240	1000–1050	Öl	550–650
X 32 Cr Mo V 3 3	1100–850	710–750	230	1020–1070	Öl, Warmbad 450–550°	400–650
X 38 Cr Mo V 5 1	1100–900	800–840	240	1000–1050	Luft, Öl, Warmbad, 450–550°	400–650
X 40 Cr Mo V 5 1	1100–850	800–840	240	1040–1090	Öl, Luft, Warmbad 450–550°	400–650
48 Cr Mo V 6 7	1100–850	740–780	230	930– 970	Öl	500–650
40 Cr Mn Mo 7	1050–850	710–750	230	830– 870	Öl	450–650
				860– 900	Gebläsewind	450–600
57 Ni Cr Mo V 7 7	1050–850	660–700	250	840– 880	Öl	350–600
56 Ni Cr Mo V 7	1050–850	660–700	250	860– 900	freie Luft, Gebläsewind	350–600
55 Ni Cr Mo V 6	1050–850	660–700	240	840– 880	Öl (Wasser)	400–650
35 Ni Cr Mo 16	1050–850	620–660	270	810– 850	Öl	350–650
				830– 850	freie Luft	350–650

daß die Karbidseigerungen innerhalb tragbarer Grenzen bleiben. Die besten Ergebnisse bei der Warmformgebung erzielt man wie bei allen Stählen dann, wenn die letzte durchgreifende Verformung mit Erreichen der Schmiedeendtemperatur zusammenfällt. Die dann sich einstellende Karbidverteilung und Korngröße bieten die Gewähr, daß das auf jeden Fall nachzuschaltende G l ü h e n ein für das spätere Härten günstiges Ausgangsgefüge erbringt. Entsprechend der erhöhten Lage des A_1-Punktes der hochlegierten Warmarbeitsstähle ist auch die Glühtemperatur höher als bei den sonstigen Stählen. Die H ä r t e t e m p e r a t u r e n liegen bei diesen weit höher als beispielsweise bei den legierten Kaltarbeitsstählen. Der hohe Anteil an karbidbildenden Elementen macht sie notwendig. Das ganz andere Aussehen der A n l a ß k u r v e der hochlegierten Warmarbeitsstähle gegenüber anderen Stählen verlangt auch andere Anlaßtemperaturen. Ein mehrmaliges Anlassen mit Zwischenabkühlung verbessert gerade bei diesen Stählen die Zähigkeit und ist deshalb immer zu empfehlen. Ursache dafür ist, daß nach dem Härten ein beträchtlicher Restaustenitgehalt verbleibt, der beim Anlassen aktiviert wird und beim

Abkühlen von Anlaßtemperatur sich in Martensit umwandelt. Dieser nun nicht angelassene Martensit wird erst bei der zweiten Anlaßbehandlung angelassen. Tab. 21 enthält die Warmformgebungs-, Härte- und üblichen Anlaßtemperaturbereiche der Stähle nach Tab. 9, S. 29 (Legierte Warmarbeitsstähle mit vielfachen Anwendungsmöglichkeiten).

Die Anlaßkurve des Stahles X 30 W Cr V 9 3 kann als typisch für diejenige der hochlegierten Warmarbeitsstähle angesehen werden (Abb. 30). Der Steilabfall der Festigkeit im Anlaßtemperaturbereich über etwa 550 °C macht betrieblich, vor allem dann, wenn enge Festigkeitsgrenzen eingehalten werden müssen, oft Schwierigkeiten. Genau temperaturregelbare Anlaßöfen sind Voraussetzung für die exakte Einhaltung solcher Festigkeitsgrenzen.

In Abb. 30 sind zwei Anlaßkurven eingetragen, und zwar einmal für Ölhärtung, zum anderen für Lufthärtung. Der Härteanstieg im Anlaßtemperaturbereich um 500 °C hat seine Ursache in der Restaustenitumwandlung und Karbidausscheidung.

Bei Luftabkühlung in etwas größeren Abmessungen findet zuerst eine Karbidvorausscheidung statt und die Umwandlung verläuft dann fast nur in der Zwischenstufe, wobei ein beträchtlicher Anteil von Restaustenit erhalten bleibt. Die Härte nach Luftabkühlung ergibt keine wesentlich geringeren Werte als die Ölhärtung. Abb. 31 zeigt das kontinuierliche ZTU-Schaubild des Stahles X 30 W Cr V 9 3, aus dem die Umwandlungskinetik zu entnehmen ist. Aus diesem Schaubild kann entnommen werden, daß sich dieser Stahl so wie alle hochlegierten Warmarbeitsstähle gut zur Warmbadhärtung eignet. Bei einem Ablöschen von etwa 1150 °C in den Temperaturbereich von 450···600 °C, also zwischen Perlitstufe und Zwischenstufe, tritt bei der üblicherweise $^1/_2$stündigen Haltezeit eine Entmischung des Kohlenstoffs ein, die bis zur Karbidausscheidung führt, ohne daß der Austenit sich umwandelt. Erst bei der nachfolgenden weiteren Abkühlung wandelt sich dieser dann um. Durch entsprechende Wahl der Warmbadtemperatur und Haltezeit in diesem lassen sich dabei unterschiedliche Abschreckhärten erreichen.

V. Schnellarbeitsstähle

28. Allgemeines. Der zunehmend geforderten höheren Schnittleistung bei der zerspanenden Formgebung, bedingt durch große Spanquerschnitte bei hohen Schnittgeschwindigkeiten, werden die unlegierten und einfachlegierten Werkzeugstähle nicht gerecht. Vor allem die Erwärmung der Schneidkanten, die trotz Kühlung bei hohen Schnittgeschwindigkeiten beachtliche Werte erreicht, führt zu einem Versagen der Kaltarbeitsstähle.

Stähle zur spanabhebenden Bearbeitung bei gesteigerter Zerspanungsleistung müssen zwei Bedingungen erfüllen. Sie müssen erstens rein mechanisch verschleißfest sein, d. h. die Schneide darf nicht abgerieben werden, und zweitens anlaßbeständig, d. h. die Schneide darf bei der auftretenden Schneidwärme nicht erweichen.

Der ersten Forderung, also nach Verschleißfestigkeit, ist relativ leicht zu genügen. Eine rein martensitische Grundmasse mit vielen freien eingelagerten Karbiden genügt ihr (z. B. Riffelstähle). Die zweite Forderung nach entsprechender Anlaßbeständigkeit setzt einen Martensit besonderer Art voraus. Der durch die Martensitbildung entstandene Zwangszustand darf sich erst bei möglichst hohen Temperaturen lösen. Erreicht wird dies durch den sogenannten „legierten Martensit“. Im Austenit vor der Martensitbildung muß ein hoher Anteil an den „legierten Martensit“ bildenden Elementen Chrom, Wolfram und Molybdän enthalten sein. Dies wieder erreicht man nur, wenn die Härtetemperatur so hoch gewählt wird, daß ein Teil der üblicherweise als Karbide vorhandenen Legierungselemente Chrom, Wolfram und Molybdän in Lösung gehen. Im gewissen Sinn widerspricht die zweite Forderung der ersten. In der Praxis wählt man deshalb bezüglich der Härtetemperatur einen Kompromiß.

Die Entwicklung der Schnelldrehstahlvorläufer liegt heute schon rund 60 Jahre zurück. Die ersten wirklich brauchbaren Angaben über Schnellarbeitsstahlanalysen gehen auf TAYLOR und WHITE zurück (1906). Die Entwicklung selbst war rein empirisch. Gewisse Verbesserungen wurden um 1916 erreicht, aber erst Mitte der 30er Jahre wurde durch höhere Anteile an Molybdän und besonders Vanadin eine beträchtliche Leistungssteigerung erzielt. Nach einer zweiten Entwicklungspause setzte in den letzten Jahren neuerlich eine Weiterentwicklung ein, die noch nicht zum Abschluß gekommen ist.

29. Erschmelzung und Lieferung. Die Schnellarbeitsstähle wurden jahrelang nur im Tiegel erschmolzen. Heute ist die Erschmelzung im Elektroofen üblich. Eine ganz neue Entwicklung bahnt sich dadurch an, daß zunehmend mehr Schnellarbeitsstahl unter Vakuum erschmolzen wird. Auch der Abschmelzelektrodenofen wird mehr und mehr dafür herangezogen. Vor allem das letztgenannte Verfahren soll bedeutend bessere Ergebnisse bezüglich der Karbidseigerung erbringen als sie bisher zu erreichen waren.

Geliefert werden die Schnellarbeitsstähle als geschmiedete oder gewalzte Stäbe, wobei ein Walzen nur für kleinere Querschnitte in Frage kommt. Bei Querschnitten über etwa 100 mm ⌀ sollte man, wenn das später herzustellende Werkzeug es zuläßt, auch keine geschmiedeten Stäbe mehr verwenden, sondern allseitig geschmiedete Scheiben bzw. Stöckel. Dicke Stäbe verlangen als Ausgangsform große Gußblöcke, die meist eine ungünstige Karbidverteilung haben und nur schlecht durchgeschmiedet werden können. Außer den genannten Formen werden auch Bleche und Drähte aus Schnellarbeitsstählen hergestellt. Die gezogene oder geschliffene Ausführung hat für viele Verwendungszwecke ihre Vorteile. Teilweise werden Werkzeuge, vor allem Fräser, auch aus Schnellarbeitsstählen gegossen.

30. Die verwendeten Legierungselemente. Die üblichen Legierungszusätze der Schnellarbeitsstähle, Chrom, Molybdän, Wolfram und Vanadin, verringern mit Ausnahme des Kobalts die Kohlenstofflöslichkeit im Eisen. Der Punkt E des Eisen-Zementitschaubildes (Abb. 7, S. 7), der bei 2,1% C liegt, ist bei den Schnellarbeitsstählen auf etwa 0,3···0,4% verschoben. Es gehören deshalb alle Schnellarbeitsstähle zu den ledeburitischen Stählen. Demnach ist es auch nicht möglich, alle Karbide bei der Erwärmung zum Härten in Lösung zu bringen. Andererseits ist der höchste gelöste Anteil kurz unterhalb des Aufschmelzens erreicht.

Chrom hat als Legierungselement in den Schnellarbeitsstählen vor allem den Zweck, die Härtbarkeit zu erhöhen. Seine die Warmhärte und Anlaßbeständigkeit erhöhende Wirkung tritt demgegenüber zurück. Im abgeschreckten Zustand sind etwa 80% des Chroms in der Grundmasse. Übliche Zusätze an Chrom liegen zwischen 3 und 6%, wobei unterschiedliche Chromgehalte bei ein und derselben Schnellarbeitsstahltype innerhalb dieser Grenzen fast ohne Einfluß sind. Die Mehrzahl der heute üblichen Schnellarbeitsstähle haben rund 4% Chrom.

Molybdän wurde zwar schon sehr früh auf seine Wirkung in Schnellarbeitsstählen untersucht, doch hat vor allem der engere Härtetemperaturbereich dieser Stähle sowie ihre größere Überhitzungsempfindlichkeit gegenüber den Wolframlegierten Stählen dazu geführt, daß sie erst relativ spät ihre heutige Bedeutung gewannen. Molybdän hat wegen seines geringeren Atomgewichtes eine größere Wirkung als Wolfram. Die Faustformel: „1% Molybdän ersetzt 2% Wolfram“ gilt jedoch nur bedingt. Molybdän-legierte Stähle bilden, von hoher Temperatur abgeschreckt, anlaßbeständigen Martensit. Daneben bildet Molybdän, genügend Kohlenstoff vorausgesetzt, Karbide der Zusammensetzung M_6C (Fe_3Mo_3C). Es ist in den meisten heute verwendeten Schnellarbeitsstählen neben Chrom und Wolfram vorhanden.

Wolfram wurde zuerst in Schnellarbeitsstählen verwandt. Es bildet ebenso wie Molybdän legierten anlaßbeständigen Martensit und ebenfalls harte verschleißfeste Karbide der Zusammensetzung M_6C (Fe_4W_2C) bzw. Mischkarbide nach [$(FeMoW)_6C$]. Es tritt jedoch auch als WC auf. Vor allem dieses Karbid ist sehr hart. Hatte man lange Zeit geglaubt, daß höhere Wolframgehalte auch bessere Schneidleistung ergeben, so zeigen neuere Untersuchungen, daß man auch mit recht geringen Wolframgehalten allerdings in Anwesenheit von Molybdän und Vanadin gute Standzeiten erhält. Stähle mit über 20% Wolfram, die früher üblich waren, sind heute nicht mehr gängig.

Vanadin ist dasjenige Element, das recht spät in Schnellarbeitsstählen verwendet wurde. Heute jedoch enthält jeder Schnellarbeitsstahl Vanadin. Vanadin bildet bevorzugt das sehr harte Vanadinkarbid VC, das in seiner Härte sogar das Wolframkarbid WC übertrifft. Da Vanadin dem Stahl viel Kohlenstoff für die Karbidbildung entzieht, müssen höher Vanadinhaltige Schnellarbeitsstähle einen höheren Kohlenstoffgehalt haben. Jedes Prozent Vanadin verbraucht etwa 0,16% Kohlenstoff. Dieser Prozentsatz ist dem sonst üblichen Kohlenstoffgehalt bei Vanadinzusätzen hinzuzufügen. Die obere Grenze üblicher Vanadingehalte liegt bei etwa 4%.

Kobalt wird Schnellarbeitsstählen wegen seiner die Anlaßbeständigkeit und Warmfestigkeit erhöhenden Wirkung zugesetzt. Gehalte unter 2% sind ohne merkliche Wirkung. Übliche Zusätze liegen zwischen 4 und 10%. Bei über 20% Kobaltzusätzen wird die Schmiedbarkeit wegen der hohen Warmfestigkeit schlechter. Auch erschweren hohe Kobaltgehalte die Weichglühbarkeit.

31. Chemische Zusammensetzung. Für eine Reihe heute gängiger Schnellarbeitsstähle sind deren Richtanalysen in Tab. 22 zusammengestellt. Die Tabelle enthält bewußt nur eine Auswahl von Schnellarbeitsstählen, ohne die vielen Sonderanalysen, die es gerade auf diesem Gebiet gibt, zu berücksichtigen.

In Tab. 22 sind deutlich vier Gruppen von Schnellarbeitsstählen zu unterscheiden. Die erste Gruppe umfaßt neben dem Sparstahl S 3-3-2 hoch Molybdänhaltige Stähle mit niedrigen Wolframgehalten.

Tabelle 22. *Kurzbezeichnung, Stoffnummer und chemische Zusammensetzung gängiger Schnellarbeitsstähle*

Kurzbezeichnung		Stoffnummer	chem. Zusammensetzung (Richtwerte)					
neu	alt		% C	% Cr	% Mo	% V	% W	% Co
S 3-3-2	ABC III	3333	0,97	4,2	2,7	2,4	3,1	—
S 2-9-1	B Mo 9	3346	0,82	3,9	8,6	1,2	1,8	—
S 2-9-2	B Mo 9 V	3348	0,97	3,9	8,6	2,0	1,8	—
S 6-5-2	D Mo 5	3343	0,82	4,2	5,0	1,9	6,4	—
S 6-5-3	E Mo 5 V 3	3344	1,20	4,2	5,0	3,3	6,4	—
S 6-5-2-5	E Mo 5 Co 5	3243	0,82	4,2	5,0	1,9	6,4	4,8
S 10-4-3-10	EW 9 Co 10	3207	1,25	4,2	3,8	3,3	10,7	10,5
S 12-1-2	D	3318	0,88	4,2	0,8	2,5	12,0	—
S 12-1-4	E V 4	3302	1,25	4,2	0,8	3,8	12,0	—
S 12-1-4-5	E V 4 Co	3202	1,32	4,2	0,8	3,8	12,0	4,8
S 18-0-1	B 18	3355	0,74	4,2	—	1,1	18,0	—
S 18-1-2-5	E 18 Co 5	3255	0,80	4,2	0,7	1,6	18,0	4,8
S 18-1-2-10	E 18 Co 10	3265	0,76	4,2	0,7	1,6	18,0	9,5

In der zweiten Gruppe sind Stähle mit einem Molybdän-Gehalt von etwa 5% und Wolframgehalten von etwa 6,5% zusammengefaßt. Der Stahl S 10-4-3-10 paßt trotz seiner etwas anderen Zusammensetzung dennoch in diese Gruppe.

Die beiden restlichen Gruppen sind gekennzeichnet durch Wolfram-Gehalte von 12 bzw. 18% bei Molybdän-Anteilen unter 1%.

Alle aufgeführten Stähle haben mehr oder weniger hohe Vanadinzusätze. Einzelne Stähle enthalten darüber hinaus noch Kobalt.

32. Eigenschaften und Anwendungsgebiete der Schnellarbeitsstähle. Die besonderen Eigenschaften der Schnellarbeitsstähle, die sie für ihre Verwendung überhaupt erst brauchbar machen, sind die Rotgluthärte und ihr großer Verschleißwiderstand. Auf beide Eigenschaften wurde bereits hingewiesen.

Als Rotgluthärte wird die Fähigkeit bezeichnet, selbst bei schon sichtbarer Glühfarbe die Härte nicht zu verlieren. Diese Eigenschaft weisen die Schnellarbeitsstähle bis etwa 600 °C auf. Darüber fällt dann die Härte sehr schnell ab. Vor allem bei schwerer Schrupparbeit, bei der erhebliche Temperaturen durch die Zerspanungsarbeit entstehen, ist diese Eigenschaft ausschlaggebend. Eine hohe Verschleißfestigkeit ist besonders bei Schlichtarbeit vonnöten. Nur bei hoher Verschleißfestigkeit können die wirtschaftlich notwendigen Geschwindigkeiten gefahren werden, ohne daß es zu Unmaßlichkeiten durch Meißelverschleiß kommt.

Die besten Gebrauchseigenschaften haben Schnellarbeitsstähle dann, wenn die Karbide möglichst fein und gleichmäßig in der Grundmasse verteilt sind. Eine solche Verteilung setzt voraus, daß das Primärkorn schon nicht zu grob ist und

Tabelle 23. *Verwendungsbeispiele für Schnellarbeitsstähle*

Kurzbezeichnung		Verwendungsbeispiele
neu	alt	
S 3-3-2	ABC III	einfach geformte Werkzeuge, rotierende Schneidwerkzeuge (Fräser, Spiralbohrer, Reibahlen, Kreissägeblätter für die Bearbeitung von Werkstoffen bis etwa 85 kp/mm²)
S 2-9-1	B Mo 9	vor allem für Spiralbohrer
S 2-9-2	B Mo 9 V	vor allem für Spiralbohrer und Gewindebohrer
S 6-5-2	D Mo 5	Dreh- und Hobelmesser, Fräser, Spiralbohrer, Räumnadeln, Reibahlen, Metallsägen, Gewindeschneidwerkzeuge usw.
S 6-5-3	E Mo 5 V 3	Hochleistungsstahl für Schlichtarbeit bei rotierenden Werkzeugen
S 6-5-2-5	E Mo 5 Co 5	für Fräser und Bohrmesser bei hoher Warmbeanspruchung
S 10-4-3-10	EW 9 Co 10	Schlichtarbeit bei höchster Beanspruchung, auch für Schrupparbeit geeignet
S 12-1-2	D	Dreh- und Hobelmesser hoher Leistung bei guter Zähigkeit auch für Werkstoffestigkeiten über 85 kp/mm², auch für Fräser, Bohrer und Räumwerkzeuge
S 12-1-4	E V 4	Hochleistungsstahl für Schlichtarbeit wegen seiner guten Verschleißhärte auch für Automatenwerkzeuge bei guten Kühlbedingungen
S 12-1-4-5	E V 4 Co	Schlichtarbeit bei schwersten Beanspruchungen
S 18-0-1	B 18	allgemein verwendbarer Schnellarbeitsstahl von großer Härteunempfindlichkeit
S 18-1-2-5	E 18 Co 5	schwerste Schrupparbeit bei großer Unempfindlichkeit gegen Überlastung
S 18-101-2-	E 18 Co 10	

daß die vorhandenen Karbidnester durch eine ausreichende und zweckmäßige Verschmiedung ausreichend zertrümmert wurden. Es hat nicht an Versuchen gefehlt, ein Schema zur Beurteilung der Schnellarbeitsstähle nach Korngröße, Karbidgröße und Karbidverteilung aufzustellen. Ein vollbefriedigender Vorschlag konnte bisher jedoch noch nicht gemacht werden.

Der maßgebliche Einfluß der Härtung für die Bewährung der Schnellarbeitsstähle braucht wohl nicht besonders betont zu werden. Im einzelnen kann man die in Tab. 22 aufgeführten Stähle zweckmäßig nach den Angaben der Tab. 23 einsetzen.

Außer als Vollstähle werden vor allem die Stähle für Schrupparbeit auch als Aufschweißplättchen verwendet. Sie werden dann auf einen Stahlhalter aufgeschweißt oder häufiger aufgelötet. Auf diese Weise vermeidet man unnötig schwere Schnellarbeitswerkzeuge. Auch bei größeren Spiralbohrern und Reibahlen werden die Einspannteile nicht aus Schnellarbeitsstählen hergestellt, sondern stumpf auf den eigentlichen Werkzeugteil aufgeschweißt. Mitunter findet man auch nur geklemmte oder verschraubte Schnellarbeitsstahlplättchen, z. B. bei großen Kreissägeblättern.

33. Warmformgebung und Wärmebehandlung. Die Warmformgebung und auch die Wärmebehandlung der Schnellarbeitsstähle ist, sofern einige Grundsätze beachtet werden, nicht außergewöhnlich schwierig. Wesentlich erleichtert werden sie durch die neueren Kenntnisse des Umwandlungsverhaltens dieser Stähle.

Bei der Warmformgebung der Schnellarbeitsstähle ist die schlechte Wärmeleitfähigkeit nicht nur beim Aufheizen zu beachten. Der Gefahr der Abkohlung muß durch möglichst neutrale Ofengase begegnet werden. Besonders die hoch Molybdän-legierten Qualitäten sind dafür sehr anfällig. Bei diesen Stählen kommt es auch zu einem Verdampfen von Molybdänoxyd, das sich als gelblich-weißer Niederschlag z. B. am Hammerbär niederschlägt. Die als zweckmäßig erkannten Schmiedetemperaturgrenzen sollen exakt eingehalten werden. Vor allem muß dafür gesorgt werden, daß die letzte Verformung nicht wesentlich über der vorgesehenen Schmiedeendtemperatur durchgeführt wird. Auf diese Weise erhält man eine für die spätere Härtung günstige Karbidverteilung und Gefügeausbildung. Die Abkühlung nach der Warmformgebung muß langsam erfolgen, und zwar einerseits wegen Wärmespannungsrissen und andererseits wegen partieller Härtungserscheinungen, die auftreten können.

Die jeder Warmformgebung nachzuschaltende Glühung muß im Temperaturbereich zwischen 780 und 820 °C erfolgen. Die niedriger legierten Stahltypen sollen an der unteren genannten Temperaturgrenze behandelt werden. Übermäßig lange Glühzeiten schaden den Schnellarbeitsstählen durch zu starke Karbideinformung. Man sollte in jedem Fall nicht den absolut weichsten Glühzustand anstreben, da man sonst bei der späteren Härtung Schwierigkeiten durch Nichterreichen der maximalen Härte bekommt. Die früher üblichen höheren Glühtemperaturen werden deshalb heute nicht mehr angewandt. Ein langsames Aufheizen ist auch bei der Glühung notwendig. Haltezeiten zwischen zwei und vier Stunden genügen vollauf. Nach dieser Haltezeit muß so langsam abgekühlt werden, daß der Stahl in der Perlitstufe umwandelt. Von etwa 550 °C an kann dann beschleunigt abgekühlt werden. Es muß dann nur noch auf die Wärmespannungsrißempfindlichkeit Rücksicht genommen werden. Ein guter Abkohlungsschutz ist in jedem Fall auch bei der Glühung notwendig.

Beim Härten, das am günstigsten aus Salzbädern erfolgt, soll in Stufen vorgewärmt werden. Zwei oder drei Anwärmstufen haben sich bewährt. Die erste, die evtl. entfallen kann, liegt bei 250 °C, die nächste bei 550 °C, dann folgt 800 °C. Von diesen 800 °C kann dann rasch auf Härtetemperatur gegangen werden. Die Härtetemperatur selbst muß, natürlich innerhalb des vorgeschriebenen Bereiches, entsprechend der Art des Werkzeuges gewählt werden.

Feinschneidige Werkzeuge und solche, von denen später hohe Zähigkeit verlangt wird, müssen von der unteren Temperaturgrenze gehärtet werden. Tauchzeiten, das sind die Zeiten im Härtebad bei normalen Werkzeuggrößen, von 2 min genügen meist, richtige Vorwärmung vorausgesetzt, um die Sekundärkarbide ausreichend in Lösung zu bringen. Eine Verlängerung führt zu Grobkornbildung. Zwar bringt eine größere Karbidauflösung bessere Anlaßbeständigkeit und Warmhärte, diese werden aber durch eine Verminderung der Zähigkeit erkauft. In gewissem Ausmaß läßt sich die Härtetemperatur und die Tauchzeit gegeneinander austauschen. Die Härtung selbst kann in Öl, im Warmbad oder auch im Druckluftstrom erfolgen. Die zeitraubende Bainithärtung (Zwischenstufenbehandlung) bringt unter Umständen bedeutende Standzeitverbesserungen. Das Anlassen der Schnellarbeitsstähle muß recht vorsichtig geschehen, was den Anwärmzyklus betrifft.

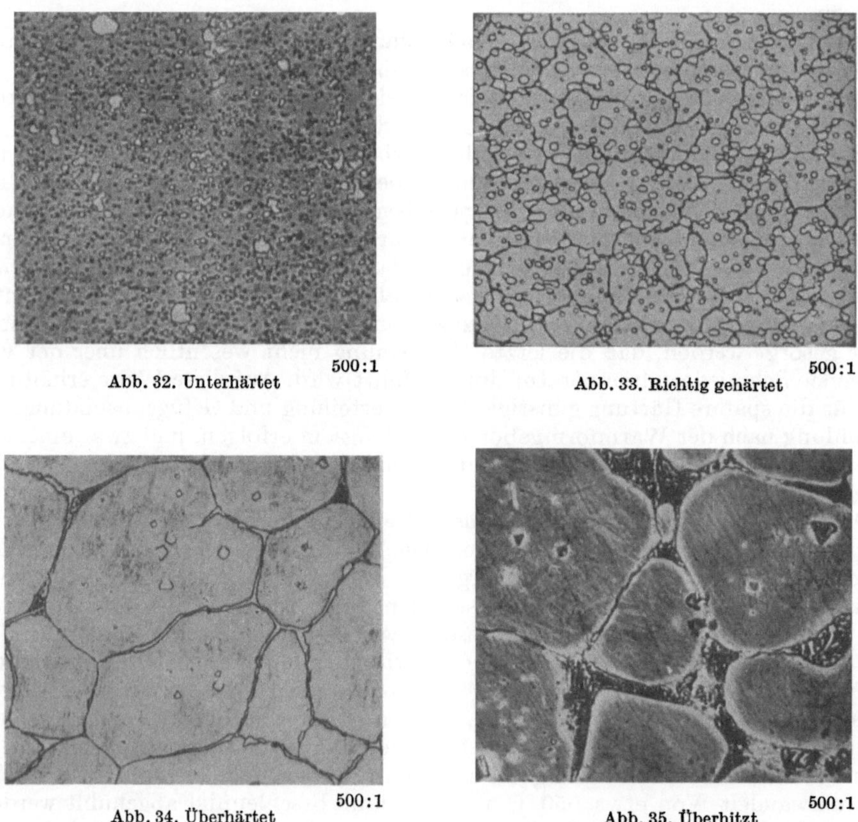

Abb. 32. Unterhärtet 500:1

Abb. 33. Richtig gehärtet 500:1

Abb. 34. Überhärtet 500:1

Abb. 35. Überhitzt 500:1

Abb. 32—35. Mikrogefüge von verschieden gehärtetem hoch-Wolfram-haltigem Schnellarbeitsstahl

Ein mehrmaliges Anlassen mit Zwischenabkühlung verbessert die Zähigkeit und Leistung.

Nach sachgemäßem Härten zeigen die Schnellarbeitsstähle ein feinmartensitisches Gefüge mit eingelagerten Primärkarbiden. Die ursprünglichen Austenitkorngrenzen sind gut zu erkennen. Außer dem Martensit und den Primärkarbiden haben sie noch einen erheblichen Restaustenitanteil, der natürlich mit steigender Härtetemperatur größer wird (Abb. 32—35). Beim Anlassen nun wird dieser Restaustenit aktiviert und wandelt sich beim anschließenden Abkühlen in Martensit um. Die Härtesteigerung der gut gehärteten Schnellarbeitsstähle nach dem Anlassen hat jedoch nur teilweise ihre Ursache in dieser Umwandlung. Zum anderen ist sie bedingt durch eine Ausscheidung von Karbiden in der umgewandelten Grundmasse. Die Erscheinung der Härtesteigerung beim Anlassen wird als Sekundärhärte bezeichnet.

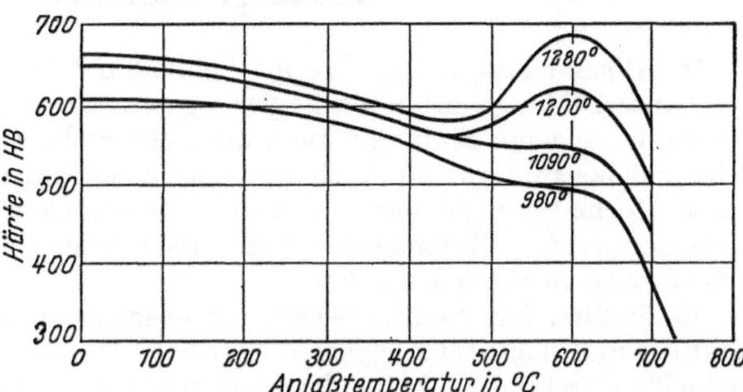

Abb. 36. Einfluß der Härtetemperatur auf die Härteveränderung von Schnellarbeitsstahl beim Anlassen [nach M. A. GROSSMANN: Stahl u. Eisen 43 (1923) 764—765]

In Tab. 24 sind für die in Tab. 22 aufgeführten Stähle Warmformgebungs- und Warmbehandlungstemperaturen zusammengestellt.

Der Einfluß steigender Härtetemperaturen auf die Härte nach dem Anlassen ist in Abb. 36 gezeigt. Die mit höherer Temperatur zunehmende Karbidlösung macht sich nach dem Anlassen in einer größeren Sekundärhärte bemerkbar. Ein Anstieg der Sekundärhärte über die Abschreckhärte hinaus ist das normale und kennzeichnet eine gut durchgeführte Härtung.

Tabelle 24. *Temperaturen für die Warmformgebung und Wärmebehandlung der Schnellarbeitsstähle nach Tab. 22*

Für alle unten aufgeführten Stähle: Weichglühen bei 770 bis 820 °C. Härte nach dem Glühen HB = 240 bis 300 kp/mm²

Kurzbezeichnung		Walzen und Schmieden °C*	Härten		Anlaß-temperatur °C
neu	alt		von °C**	in	
S 3-3-2	ABC III	1050–900	1180–1220	Öl, Warmbad oder trockener Preßluft	530–550
S 2-9-1	BMo 9	1050–900	1180–1220		540–560
S 2-9-2	BMo 9 V	1050–900	1190–1230		540–560
S 6-5-2	DMo 5	1100–900	1200–1240		540–560
S 6-5-3	EMo 5 V 5	1100–900	1210–1250		550–570
S 6-5-2-5	EMo 5 Co 5	1100–900	1210–1250		560–580
S 10-4-3-10	EW 9 Co 10	1100–900	1210–1250		560–580
S 12-1-2	D	1100–900	1220–1260		540–560
S 12-1-4	EV 4	1100–900	1220–1260		550–570
S 12-1-4-5	EV 4 Co	1100–900	1210–1250		560–580
S 18-0-1	B 18	1150–900	1240–1280		550–570
S 18-1-2-5	E 18 Co 5	1150–900	1260–1300		560–580
S 18-1-2-10	E 18 Co 10	1150–900	1260–1300		560–580

* Nach der Warmformgebung sind die Stücke in Asche, Sterchamol oder im Ausgleichsofen abzukühlen.

** Die untere Temperaturgrenze ist bei schwierig geformten Werkzeugen, die obere bei einfachen Werkzeugen wie Meißel usw. einzuhalten.

Anhang: Schneidmetalle

34. Allgemeines. In der Gruppe Schneidmetalle sollen die Stellite, Hartmetalle und ausscheidungshärtenden Legierungen zusammengefaßt werden. Als Werkzeugstähle im engeren Sinn sind sie zwar nicht mehr anzusprechen, doch rundet diese Gruppe das Bild gut ab, auch wenn sie Eisen nur noch in geringen Prozentsätzen oder überhaupt nicht mehr enthalten. Besprochen werden sollen jedoch nur diejenigen Stellite, Hartmetalle und ausscheidungshärtenden Legierungen, die für Werkzeuge verwendet werden.

35. Stellite. Die Stellite weisen Eigenschaften auf, die sie den Schnellarbeitsstählen und den höchstlegierten Warmarbeitsstählen überlegen machen. Der Verschleißwiderstand bei hohen Temperaturen ist es vor allem, der sie sowohl für Zerspanungsarbeiten als auch für höchstbeanspruchte Warmarbeitswerkzeuge zweckmäßig erscheinen läßt. Auch in der Anlaßbeständigkeit und Schnittleistung übertreffen die Stellite die Schnellarbeitsstähle.

Die Stellite werden zuerst von HAYNES (1907) genannt. Sie bestehen im wesentlichen aus Kobalt als Grundmasse, in die Karbide eingelagert sind. Als Karbidbildner wurden ursprünglich Chrom, Wolfram und Molybdän verwendet. Die Stellite für Schneidzwecke können von sehr unterschiedlicher Zusammensetzung sein. Als Grenzzusammensetzung kann genannt werden:

$$2\cdots4\%\,\mathrm{C},\ 25\cdots33\%\,\mathrm{Cr},\ 10\cdots25\%\,\mathrm{W},\ 35\cdots55\%\,\mathrm{Co},\ 0\cdots10\%\,\mathrm{Fe}.$$

Außer den Stelliten für Schneidwerkzeuge gibt es diejenigen für Warmarbeitswerkzeuge, die einen etwas niedrigeren Kohlenstoffgehalt haben. Außerdem sind noch Stellite bekannt, die zur Aufpanzerung von Ventilen und Ventilsitzen dienen. Steigende Eisengehalte vermindern die Schnittleistung der Stellite stark. Durch Zusatz weiterer Karbidbildner wie Titan, Vanadin, Tantal und Niob kann die Schneidleistung weiter verbessert werden. Die Stellite werden als gegossene Plättchen auf Schneidwerkzeuge aufgelötet oder von gegossenen Stäben auf die Schneidkanten von Werkzeugen mit dem Schweißbrenner aufgetropft. Zum Auftropfen kann auch die Lichtbogenschweißung dienen. Auftropfstäbe für das Gasaufschweißen haben einen niedrigeren Kohlenstoffgehalt als die übrigen Legierungen, da aus der reduzierend zu haltenden Gasflamme Kohlenstoff aufgenommen wird. Zum Aufschweißen der Stellitlegierungen müssen die Stücke rotwarm sein, und die Schweißung muß bei dieser Temperatur erfolgen. Nach dem Schweißen darf nur langsam abgekühlt werden, da sonst Risse entstehen. Oft ist es zweckmäßig, nicht direkt auf das Werkzeug aufzuschweißen, sondern zur Verminderung der Rißempfindlichkeit und der besseren Bindung eine austenitische Zwischenschicht aus Chrom-Nickel-Stahl aufzubringen.

Einige der Anwendungsfälle der Stellite haben diese in den letzten Jahren an die Hartmetalle abgeben müssen. Als bedeutendstes Anwendungsgebiet sind Erdbohrmeißel neben Einsätzen an Drahtpreßmatrizen und Aufschweißungen an den Hämmern von Schmiedemaschinen zu nennen.

Eine Wärmebehandlung der Stellite, von Sonderfällen abgesehen, ist nicht üblich. Die Härte im Gußzustand liegt bei den Schnittlegierungen bei 55···62 HRC, bei den Warmarbeitstypen bei 40···54 HRC. Nur einige abgewandelte Arten sind schmiedbar.

Tab. 25 enthält eine Reihe von Stelliten und deren chemische Zusammensetzung.

36. Hartmetalle. Die Hartmetalle sind Legierungen aus Karbiden, Nitriden, Boriden und Siliziden der Metalle Wolfram, Tantal, Titan, Molybdän und Vanadin und einer Bindephase, meist Kobalt. Neben der heute meist üblichen Form als Sinterhartmetall gibt es auch Gußhartmetalle.

Tabelle 25. *Chemische Zusammensetzung einiger gegossener Schneidmetalle*

Bezeichnung bzw. Handelsnamen		C %	Cr %	W %	Co %	Mn %	Ni %	Mo %	V %	Ta %
Original Stellit	Stellite	1,5–3,0	15–33	10–25	40–55	–	–	–	–	–
Perlit	Stellite	2,5–3,0	28	21	48	–	–	–	–	–
Akrit	Stellite	2,5–5,0	30	16	38	–	10	4	–	–
Celsit	Stellite	2,8	–	25	31	–	–	–	0,6	–
Lithinit	Stellite	3	45	17	0,5	1,0	–	0,5	–	–
Stellamant	Stellite	2,5	19	33	44	–	–	–	–	–
Volomit	gegossene Hartmetalle	4	–	93	–	–	–	2	–	–
Miramant	gegossene Hartmetalle	2	–	55	–	–	–	20	–	15
Borium	gegossene Hartmetalle	4	–	94	–	–	–	–	–	–
Arbit	gegossene Hartmetalle	4–5	3	92	–	–	–	2	–	–
Thoran	gegossene Hartmetalle	4	–	92	–	–	–	–	–	4

Die Gußhartmetalle sind kobaltfrei und bestehen zum größten Teil aus Wolframkarbid mit mehr oder weniger großen Zusätzen anderer Karbidbildner. Eine größere Verbreitung haben diese Legierungen, die 1914 von VOIGTLÄNDER und LOHMANN zuerst genannt wurden, wegen der Schwierigkeit ihrer Herstellung und ihrer Sprödigkeit und Porosität nicht erreicht. In Tab. 25 sind einige dieser Legierungen aufgeführt.

Die Sinterlegierungen der Hartmetalle waren ursprünglich ebenfalls nur auf Wolframkarbidbasis aufgebaut. Das Sinterverfahren selbst ist aus der Keramik übernommen. Es erlaubt die Herstellung von Festkörpern aus hochschmelzenden Bestandteilen, ohne diese aufschmelzen zu müssen. Als Hilfskomponente dient Kobalt. Das erste Sinterhartmetall enthielt neben Wolframkarbid 6% Kobalt. Mit diesem Hartmetall waren kurzspanende Werkstoffe wie Hartguß, Grauguß, Nichteisenmetalle und Kunststoffe sehr viel wirtschaftlicher zu zerspanen als mit Schnellarbeitsstählen. Erst später, als man vor allem auch Titankarbid und Tantalkarbid außer dem Wolframkarbid für Sinterhartmetalle verwendete, ließ sich auch Stahl wirtschaftlich zerspanen. Der Zusatz von Titankarbid verhindert vor allem ein Auskolken der Werkzeuge und bringt damit höhere Standzeiten. Das Titankarbid kann ohne Gitterveränderung größere Mengen von Sauerstoff aufnehmen, dadurch bildet sich ein festhaftender Oxydfilm an der Schneidkante, der ein Verschweißen mit dem ablaufenden Span verhindert. Hatten die normal gesinterten Preßlinge schon erheblich bessere Zerspanungsergebnisse erbracht als die besten Schnellarbeitsstähle, so wurden weitere Verbesserungen durch das Drucksintern (Heißpressen) erreicht. Dieses Verfahren erlaubt auch die Herstellung nicht kohlenstoffgesättigter Legierungen. Außerdem sind dabei die Sinterzeiten sehr viel kürzer als beim Normalsintern. Das Porenvolumen ist geringer und es lassen sich sehr maßhaltige Formkörper herstellen.

Die Herstellung der Karbide geschieht z. B. durch Reduktion von Wolfram aus Amoniumparawolframat oder Wolframsäure mit Kohlenstoff oder Wasserstoff und anschließendes Erhitzen des Metalls mit Kohlenstoff zur Karbidbildung. Titankarbid wird direkt aus Titansäure durch Erhitzen mit Kohlenstoff gewonnen. Die Karbide werden dann möglichst fein gemahlen und mit dem gepulverten Hilfsmetall (Kobalt) gemischt, zu Formkörpern gepreßt und dann vorgesintert. Nach dem Vorsintern werden sie nachbearbeitet und dann je nach Zusammensetzung bei 1400···1700 °C fertiggesintert. Beide Sinteroperationen erfolgen unter Schutzgasatmosphäre.

Das Hauptanwendungsgebiet der Hartmetalle[1] ist die „Abspanende Formung". Zu diesem Zweck werden Hartmetallplättchen auf Tragkörper aufgelötet oder in neuester Zeit auch nur geklemmt. Sinnvoll ist der Einsatz von Hartmetallen jedoch nur, wenn man die hohen zulässigen Schnittgeschwindigkeiten auch ausnutzen kann, d. h. entsprechende Werkzeugmaschinen zur Verfügung hat. Außer für solche Arbeiten können die Hartmetalle aber auch vorteilhaft für umformende Werkzeuge, z. B. Ziehdüsen oder das Kaltpressen eingesetzt werden.

Tabelle 26. *Chemische Zusammensetzung und Härte einiger handelsüblicher Sinter-Hartmetalle*

Zusammensetzung			Härte etwa HV_{30}
WC etwa %	TiC + TaC etwa %	Co etwa %	
70	–	30	950
75	–	25	1050
80	–	20	1100
85	–	15	1200
89	–	11	1300
94	–	6	1650
76	9	15	1300
83	7	10	1500
76	14	10	1550
70	21	9	1600
51	43	6	1850
84	10	6	1750

Die Verwendung von Sinterhartmetallen beschränkt sich jedoch keineswegs auf diese wenigen Beispiele. Besondere Typen wurden entwickelt, die korrosionsbeständig oder auch zunderbeständig sind, und dann als Bauteile Verwendung finden.

In Tab. 26 sind die Zusammensetzung und die dazugehörigen Härten einiger Sinterhartmetalle zusammengestellt.

37. Ausscheidungshärtende Schneidmetalle. Die ausscheidungshärtenden Schneidmetalle beruhen auf der Ausscheidung von Wolframiden. Als Basis für diese Legierungen dient Eisen-Wolfram unter Kobaltzusatz. Während die Härte sowohl der Stellite als auch der Hartmetalle nach der Herstellung durch keine Wärmebehandlung mehr geändert werden kann, ist dies bei den ausscheidungshärtenden Schneidmetallen möglich.

Nach dem Abschrecken dieser Legierungen von 1200···1300 °C sind diese relativ weich. Die Härteannahme erfolgt erst durch Ausscheidungshärtung bei etwa 600 °C.

Praktisch konnten sich diese Legierungen trotz mancher Vorzüge als Werkzeuge nicht durchsetzen.

[1] Siehe hierzu Werkstattbuch Heft 62: Rottler, Hartmetalle in der Werkstatt.

Schrifttum

1. HOUDREMONT, E.: Handbuch der Sonderstahlkunde, 3. Aufl., Berlin/Göttingen/Heidelberg: Springer und Düsseldorf: Verlag Stahleisen 1956.

2. RAPATZ, F.: Die Edelstähle, 5. Aufl., Berlin/Göttingen/Heidelberg: Springer 1962.

3. LEITNER, F., u. E. PLÖCKINGER: Die Edelstahlerzeugung, Wien: Springer 1950.

4. Atlas zur Wärmebehandlung der Stähle, herausgegeben vom Max-Planck-Institut für Eisenforschung in Zusammenarbeit mit dem Werkstoffausschuß des Vereins Deutscher Eisenhüttenleute. Düsseldorf: Verlag Stahleisen 1954/56/58.

5. Werkstoff-Handbuch Stahl und Eisen, 3. Aufl., Düsseldorf: Verlag Stahleisen 1953 (Neuauflage demnächst).

6. KÜNTSCHER, W., u. K.-H. WERNER: Technische Arbeitsstähle – Hilfs- und Nachschlagebuch; Eigenschaften, Behandlung, Verwendung, Prüfung, Berlin: Verlag Technik 1961.

7. Stahl-Eisen-Werkstoffblätter. Düsseldorf: Verlag Stahleisen
   150-63 Unlegierte Stähle für Werkzeuge
   200-63 Legierte Kaltarbeitsstähle
   250-63 Legierte Warmarbeitsstähle
   320-63 Schnellarbeitsstähle

Sachverzeichnis

WERKSTATTBÜCHER

Verzeichnis der zur Zeit greifbaren und der in Kürze erscheinenden Hefte, nach Fachgebieten geordnet

Das Gesamtverzeichnis mit Inhaltsangabe jedes einzelnen Heftes ist erhältlich in den Fachbuchhandlungen und unmittelbar beim
Springer-Verlag, 1 Berlin 31 (Wilmersdorf), Heidelberger Platz 3

Preis jedes Heftes DM 4,50, bei gleichzeitigem Bezug von 10 beliebigen Heften DM 3,60

I. Werkstoffe, Hilfsstoffe, Hilfsverfahren (s. auch IV)

II. Spangebende Formung

(Fortsetzung 3. Umschlagseite)

III. Spanlose Formung

IV. Schweißen, Löten, Gießerei

V. Antriebe, Getriebe, Vorrichtungen

(Fortsetzung 4. Umschlagseite)